PROBLEMAS RESUELTOS
DE MECÁNICA PARA INGENIEROS:
DINÁMICA

PROBLEMAS RESUELTOS DE MECÁNICA PARA INGENIEROS: DINÁMICA

2.ª edición

Arantza Martínez Pérez y Jorge Aísa Arenaz

PRENSAS DE LA UNIVERSIDAD DE ZARAGOZA

© Arantza Martínez Pérez y Jorge Aísa Arenaz
© De la presente edición, Prensas de la Universidad de Zaragoza
(Vicerrectorado de Cultura y Proyección Social)
2.ª edición, 2024

Colección de Textos Docentes, n.º 306

Prensas de la Universidad de Zaragoza. Edificio de Ciencias Geológicas, c/ Pedro Cerbuna, 12, 50009 Zaragoza, España. Tel.: 976 761 330
puz@unizar.es   http://puz.unizar.es

 Esta editorial es miembro de la UNE, lo que garantiza la difusión y comercialización de sus publicaciones a nivel nacional e internacional.

ISBN: 978-84-1340-860-6
Impreso en España
Imprime: Servicio de Publicaciones. Universidad de Zaragoza
D.L.: Z 1166-2024

Agradecimientos

Este es el segundo volumen de estos *Problemas resueltos de Mecánica para ingenieros*. En este tomo en concreto se trabaja la Dinámica, e igualmente ha sido escrito durante el confinamiento de 2020 a causa del COVID-19, por lo que, al igual que en el volumen anterior, los agradecimientos van también dirigidos a todos aquellos que nos cuidaron durante estos duros meses…

En este segundo volumen, además, queremos expresar nuestra gratitud tanto a nuestros estudiantes, como a nuestros profesores en el ámbito mecánico, por todo lo que hemos aprendido con ellos.

Prólogo

Se recuerda en este segundo tomo de la colección *"Problemas resueltos de Mecánica para ingenieros"* que el autor Victoriano López Rodríguez en el prólogo de su libro «Problemas resueltos de electromagnetismo», hace referencia a un proverbio de Confucio que decía:

«Olvido lo que oigo, recuerdo lo que veo y aprendo lo que hago».

Es por ello que estos dos volúmenes de Mecánica se han escrito con la idea de que el estudiante *aprenda* Mecánica *haciendo* problemas.

Como se ve en este segundo tomo, y al igual que en el primero, no se pretende un texto básico en el que se explique la Mecánica con rigor, sino que se dan las nociones básicas, tan claras como nos ha sido posible, para enfrentar los ejercicios propuestos, en este segundo tomo con ejemplos de Dinámica. El primer volumen ha tratado la *cinemática* y este segundo tomo aborda la *dinámica*.

Por ello, se trata la dinámica desde el punto de vista vectorial (aplicación de los teoremas vectoriales a problemas 3D) y desde el punto de vista analítico (aplicación del teorema de la energía a problemas 2D). Los conceptos se han distribuido en capítulos, de tal manera que cada uno de ellos acaba con un problema resuelto, ejemplo muy sencillo en el que se ponen en práctica dichos conceptos, y las expresiones y notación indicadas. Tras los capítulos teóricos iniciales se tienen una serie de problemas, también resueltos, en los que se detalla cada uno de los pasos que se deben dar para completar los cálculos, en los que se irán introduciendo conceptos nuevos, y en los que se irá haciendo hincapié en otros ya vistos.

La mayoría de los problemas presentados en este libro han sido planteados en exámenes del Grado en Ingeniería Electrónica y Automática de la Escuela de Ingeniería y Arquitectura de Zaragoza, por lo que se consideran de un nivel adecuado para *comenzar* a preparar la asignatura de Mecánica de otras titulaciones de Ingeniería, y esperamos puedan servir como material de apoyo o complementario para quienes se acerquen a otras asignaturas semejantes en el ámbito mecánico dentro de las diferentes ramas de la Ingeniería Industrial.

1. Fuerzas activas

1.1. Concepto de fuerza

Fuerza es toda causa actuante sobre un punto o partícula P, capaz de modificar el estado de reposo o movimiento de P.

Las fuerzas se caracterizan mediante un vector deslizante en un espacio 3D, por lo que, como lo visto hasta ahora, tendrá módulo, recta de aplicación (dirección) y sentido. Se medirán en Newtons (N) y se expresarán como:

$$\bar{F}(P) = \{\bar{F}(P)\}_{base} = \begin{bmatrix} F_1 \\ F_2 \\ F_3 \end{bmatrix}_{base}$$

Las fuerzas se producen por la interacción entre pares de puntos materiales. Por ejemplo, cuando un hombre camina sobre el suelo, sus pies están entrando en contacto con la tierra.

Van a quedar excluidos en este libro los siguientes campos: deformación (observar que en la definición de fuerza dada se ha omitido «... o producir deformación» intencionadamente), partículas con carga eléctrica, campos magnéticos, fuerzas nucleares y la estática (partículas con movimiento nulo, catenarias, valores de rozamiento…).

1.2. Clasificación de las fuerzas

En el siguiente cuadro, se muestra la clasificación de las fuerzas objeto de estudio en este texto:

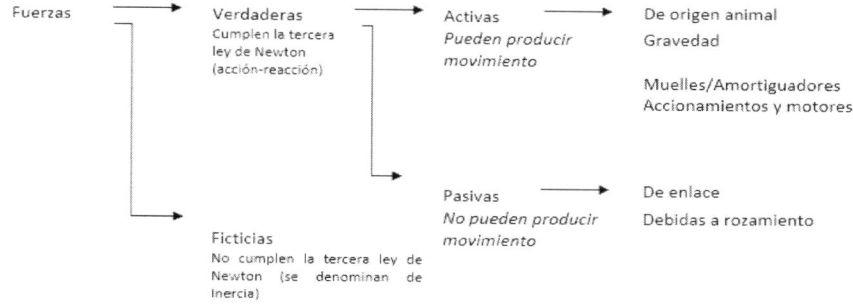

Las fuerzas verdaderas cumplen la tercera ley de Newton, o lo que es lo mismo, el principio de acción – reacción. En un sistema de partículas, como es el caso del sólido rígido, se van a tener fuerzas tanto exteriores como interiores, tal que se cumplirá que:

$$\sum_S \bar{F}(P) = \sum_S \bar{F}_{ext}(P) + \sum_S \bar{F}_{int}(P)$$

Siendo el último término, el de sumatorio en todo el sólido de fuerzas interiores, un término nulo ya que por acción-reacción las fuerzas interiores se anulan.

Como se ha visto en el cuadro, las fuerzas verdaderas se dividen en activas y pasivas. En este capítulo se van a trabajar las acciones activas, dejando las pasivas para el capítulo siguiente.

Las fuerzas activas pueden ser de origen animal, consecuencia de la gravedad, o ser causadas por muelles, amortiguadores o accionamientos.

1.2.1. Fuerzas de origen animal

Son las generadas por el hombre o por seres vivos para conseguir moverse o mover algún sólido, como por ejemplo, animales que tiran de carruajes, o el hombre que empuja una carreta.

1.2.2. Fuerzas causadas por la gravedad

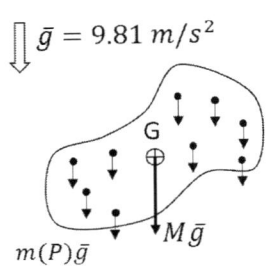

Para un sistema de partículas, se tienen infinitas fuerzas elementales sobre cada P debidas a este efecto de la gravedad, de tal manera que el sumatorio de todas esas fuerzas elementales que se calculan mediante el producto de la masa elemental por la gravedad, dan lugar al peso del sólido, que además, estará aplicado sobre el centro de gravedad de dicho sólido y dirigido al centro de la tierra.

FIGURA 1.1. Centro de gravedad

$$M\bar{g} = \sum_S m(P)\bar{g}$$

tal que

$$\sum_S m(P) = M$$

1.2.3. Fuerzas producidas por muelles

Los muelles son elementos elásticos capaces de almacenar energía a través de su deformación, que se devuelve al sistema en forma de fuerzas aplicadas en sus extremos. Los muelles pueden ser lineales o torsionales y la forma física del muelle puede ser muy variada, se modelará como un muelle lineal cuando produzca fuerza entre sus extremos.

Los muelles se caracterizan por su constante lineal K y por su longitud inicial ρ_0, en la que la fuerza es nula. Esta última es una característica que nada tiene que ver con la longitud inicial del muelle del sistema.

La fuerza ejercida por el muelle lineal se denotará con $\bar{F}_K(pto)$, y siempre se cumplirá que

$$\bar{F}_K(A) = -\bar{F}_K(B)$$

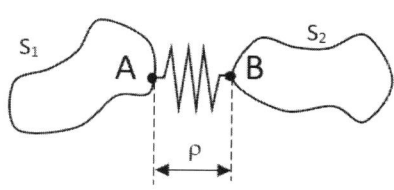

FIGURA 1.2. Muelle entre sólidos

Cuando la longitud de reposo sea menor que la longitud del muelle trabajando, este estará estirado, y por lo tanto, las fuerzas en sus extremos irán dirigidas hacia dentro.

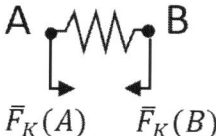

$$\bar{F}_K(A) \qquad \bar{F}_K(B)$$

FIGURA 1.3. Fuerzas hacia dentro

Cuando la longitud de reposo sea mayor que la longitud del muelle trabajando, este estará comprimido, y por lo tanto, las fuerzas en sus extremos irán dirigidas hacia afuera.

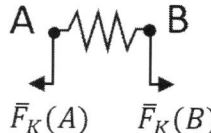

$$\bar{F}_K(A) \qquad \bar{F}_K(B)$$

FIGURA 1.4. Fuerzas hacia fuera

La expresión utilizada para el cálculo de muelles tiene la forma

$$F_K(A) = k(\rho - \rho_0)$$

La diferencia $(\rho - \rho_0)$ da el signo dependiendo de la manera de trabajar del muelle, por lo que para la resolución de problemas se aconseja trabajar siempre con el siguiente esquema

Siempre las fuerzas hacia dentro

De manera análoga, si el muelle es torsional y lo que varía es un ángulo θ en vez de una distancia ρ, se tendrá

$$\Gamma_K(A) = k(\theta - \theta_0)$$
(en módulo)

Siempre los momentos hacia dentro

1.2.4. Fuerzas producidas por amortiguadores

Los amortiguadores son elementos que son disipativos, por lo que siempre restan energía. Su respuesta es proporcional a la velocidad relativa entre sus extremos (y no a la distancia entre extremos como se ha visto en los muelles).

Los amortiguadores se caracterizan por su constante disipativa denotada c.

La fuerza ejercida por el amortiguador se denotará con $\bar{F}_c(pto)$, y siempre se cumplirá que

$$\bar{F}_c(A) = -\bar{F}_c(B)$$

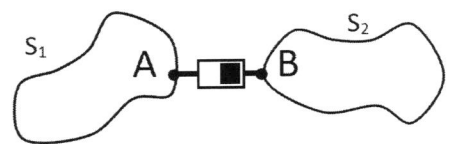

FIGURA 1.5. Amortiguador entre sólidos

En el caso de los amortiguadores, se deberá analizar si las fuerzas van hacia dentro o hacia fuera dependiendo de si los puntos de los extremos se separan o se aproximan. Las fuerzas se van a poner al movimiento, por lo que si los extremos se separan, las fuerzas irán hacia dentro y si los extremos se aproximan, las fuerzas irán hacia fuera.

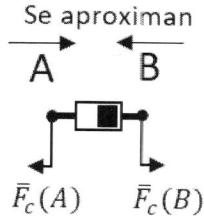

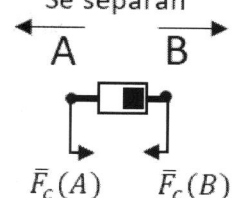

FIGURA 1.6. Fuerzas hacia fuera   FIGURA 1.7. Fuerzas hacia dentro

Las expresiones para calcular el módulo de las fuerzas ejercidas por los amortiguadores serán

$$F_c(A) = c|v_B(A)| \quad \text{y} \quad F_c(B) = c|v_A(B)|$$

tal que $v_B(A)$ es la velocidad A respecto a B y $v_A(B)$ es la velocidad B respecto a A, siempre según una línea que une ambos puntos. O lo que es lo mismo

$$F_c(A) = c|\dot{\rho}|$$

Obsérvese que en este caso la expresión se calcula en valor absoluto, y posteriormente, se le dará el sentido que se haya previsto en el problema dependiendo de si los extremos del amortiguador se separan o se aproximan.

Generalmente, en los problemas a resolver se encontrarán grupos muelle-amortiguador, en los que será necesario tener en cuenta ambos efectos, dado que en los modelos reales se suelen tener comportamientos que combinan ambos modelos.

1.2.5. Fuerzas producidas por accionamientos

Son aquellas que producen motores tanto rotatorios como lineales, así como cilindros hidráulicos. Los motores rotatorios ejercerán un momento Γ, los motores lineales ejercerán una fuerza F y los cilindros hidráulicos una fuerza F_h. No se debe olvidar que estos elementos también cumplen la tercera ley de Newton, por lo que si un motor rotatorio ejerce un momento sobre un sólido para hacerle girar, la reacción la recibirá el sólido sobre el que está anclado este motor. En un gran número de ocasiones, el motor estará anclado al suelo, y será este el que reciba la reacción por lo que no entrará en el modelado, pero no siempre será así. De manera análoga ocurrirá con motores lineales y cilindros hidráulicos. Será un error grave olvidar esta reacción en el modelo mecánico si es interior al sistema.

1.2.6. Fuerzas exteriores

Cualquier acción exterior aplicada sobre un sólido debe ser tenida en cuenta dentro de este apartado de fuerzas activas. En este caso, se podrá como ejemplo la acción del viento, la marea, etc.

1.3. Problema ejemplo

Se tiene un bloque que desliza por un plano horizontal según la dirección indicada en la figura, y en su centro se tiene acoplado un grupo muelle-amortiguador. El extremo de este grupo, se une a la pared de tal manera que ambos acoplamientos poseen sendas articulaciones que permiten variar el ángulo de dicho grupo con la pared vertical según θ. Se sabe además que el muelle está sin tensión para θ=θ₀. Todos los datos de geometría se indican en la figura del problema. Se pide calcular las fuerzas que se tienen en los puntos O de la pared y B del bloque.

Es importante en este problema tener en cuenta que el conjunto que se tiene entre los puntos O y B puede variar su longitud, por tanto, no es un sólido rígido, y no se podrán aplicar las expresiones de la cinemática típicas de sólido rígido. Es decir, el ángulo θ, y la distancia x no se pueden relacionar mediante estas expresiones.

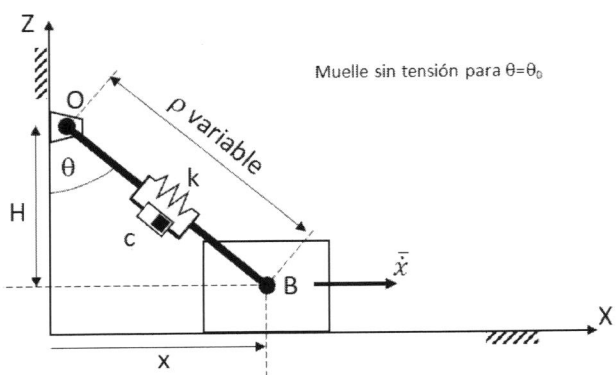

FIGURA 1.8. Bloque que desliza horizontalmente con grupo muelle-amortiguador

En primer lugar, se va a analizar la dirección de las fuerzas de los dos elementos del grupo:

Las fuerzas del muelle van hacia dentro, porque siempre se supondrán así en virtud a la expresión utilizada:

$$F_K(A) = k(\rho - \rho_0)$$

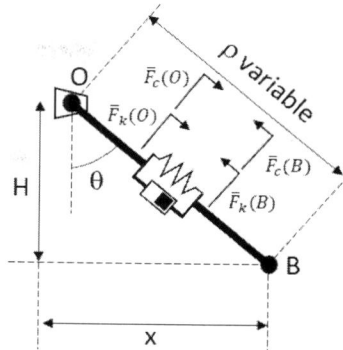

Las fuerzas del amortiguador se oponen al movimiento. Dado que los puntos O y B se están separando, las fuerzas irán hacia dentro también.

En primer lugar, se comenzará calculando el muelle.

FIGURA 1.9. Planteamiento de fuerzas

Para ello, se va a localizar en el esquema el triángulo rectángulo que permita hacer los cálculos. Este triángulo será el que se muestra a continuación:

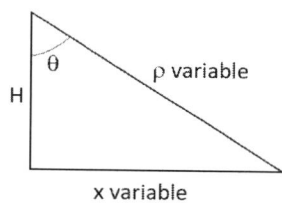

FIGURA 1.10. Triángulo a resolver para hallar ρ

El objetivo es poner ρ en función de los parámetros geométricos que convengan. Dado que H es una constante, y θ es la variable en función de la cual se da la condición inicial del muelle, se tendrá

$$\rho = \frac{H}{cos\theta}$$

Al sustituir en la expresión

$$F_K(B) = k(\rho - \rho_0)$$

se tiene

$$F_K(B) = k(\frac{H}{cos\theta} - \rho_0)$$

La condición inicial del muelle es que $F_K(B) = 0$ (sin tensión) para θ=θ₀, por tanto

$$0 = k(\frac{H}{cos\theta} - \rho_0)$$

despejando:

$$\rho_0 = \frac{H}{cos\theta_0}$$

y al final se tiene

$$F_K(B) = k(\frac{H}{cos\theta} - \frac{H}{cos\theta_0})$$

Es importante entender que este valor es para la dirección del muelle (figura 1.9.), y que si ahora se quiere poner la fuerza del muelle en B de forma vectorial, será necesario proyectar en los ejes de trabajo, que en este caso se decide que sean $\bar{X}\bar{Y}\bar{Z}$. De esta manera, la fuerza del muelle en los puntos B y O respectivamente serán:

$$\bar{F}_K(B) = \begin{bmatrix} -F_K(B)sen\theta \\ 0 \\ F_K(B)cos\theta \end{bmatrix}_{XYZ} = \begin{bmatrix} -k\left(\frac{H}{cos\theta} - \frac{H}{cos\theta_0}\right)sen\theta \\ 0 \\ k\left(\frac{H}{cos\theta} - \frac{H}{cos\theta_0}\right)cos\theta \end{bmatrix}_{XYZ}$$

$$\bar{F}_K(O) = -\begin{bmatrix} -F_K(B)sen\theta \\ 0 \\ F_K(B)cos\theta \end{bmatrix}_{XYZ} = \begin{bmatrix} k\left(\frac{H}{cos\theta} - \frac{H}{cos\theta_0}\right)sen\theta \\ 0 \\ -k\left(\frac{H}{cos\theta} - \frac{H}{cos\theta_0}\right)cos\theta \end{bmatrix}_{XYZ}$$

Para el cálculo del amortiguador, bastará con derivar la expresión de ρ respecto al tiempo, sabiendo que la variable es el ángulo θ

Por tanto

$$|\dot{\rho}| = \left|\frac{d}{dt}\rho\right| = \left|\frac{d}{dt}\frac{H}{cos\theta}\right| = \left|\frac{H\dot{\theta}sen\theta}{cos^2\theta}\right|$$

De la misma manera que en el caso del muelle, será necesario proyectar para obtener la forma vectorial de las fuerzas del amortiguador. Siguiendo la dirección de las fuerzas supuestas en la figura 1.9

$$\bar{F}_c(B) = \begin{bmatrix} -F_c(B)sen\theta \\ 0 \\ F_c(B)cos\theta \end{bmatrix}_{XYZ} = \begin{bmatrix} -c\dfrac{H\dot{\theta}sen\theta}{cos^2\theta}sen\theta \\ 0 \\ c\dfrac{H\dot{\theta}sen\theta}{cos^2\theta}cos\theta \end{bmatrix}_{XYZ}$$

$$\bar{F}_c(O) = -\begin{bmatrix} -F_c(B)sen\theta \\ 0 \\ F_c(B)cos\theta \end{bmatrix}_{XYZ} = \begin{bmatrix} c\dfrac{H\dot{\theta}sen\theta}{cos^2\theta}sen\theta \\ 0 \\ -c\dfrac{H\dot{\theta}sen\theta}{cos^2\theta}cos\theta \end{bmatrix}_{XYZ}$$

2. Fuerzas pasivas

2.1. Fuerzas pasivas

Las fuerzas pasivas están dentro del grupo de las fuerzas verdaderas, por tanto, siguen cumpliendo la tercera ley de Newton o principio de acción-reacción. Son siempre incógnitas del problema dinámico, dependiendo de cómo se esté comportando el sistema. Existen dos tipos: de enlace y de rozamiento.

Las acciones de enlace normales están relacionadas con la impenetrabilidad de los sólidos, por lo que se genera una fuerza normal al plano tangente común a los dos sólidos en el punto de contacto.

El rozamiento aparece como consecuencia de superficies en contacto, y se modelará de diferentes maneras (rozamiento seco, rozamiento viscoso...). El contacto genera una fuerza que se opone al deslizamiento de un sólido respecto a otro.

Con respecto a esto explicado para el rozamiento seco, el único que se modelará en este texto, se cumple que:

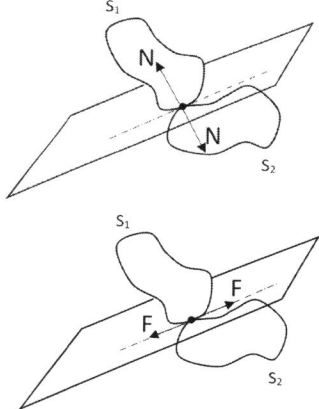

FIGURA 2.1. Fuerzas normal y de rozamiento

$$F_{roz} = \mu N$$

En esta expresión, μ es un valor experimental denominado *coeficiente de rozamiento*, que podrá ser estático o dinámico según haya deslizamiento o no. En el caso estático, el valor obtenido es un máximo, que caso de alcanzarse supondrá el inicio del movimiento y cambio a rozamiento dinámico. Si no se alcanza ese límite, el rozamiento responde con la fuerza necesaria para impedir el movimiento.

En la rodadura sin deslizamiento, el esquema de acciones queda como se muestra en la siguiente figura:

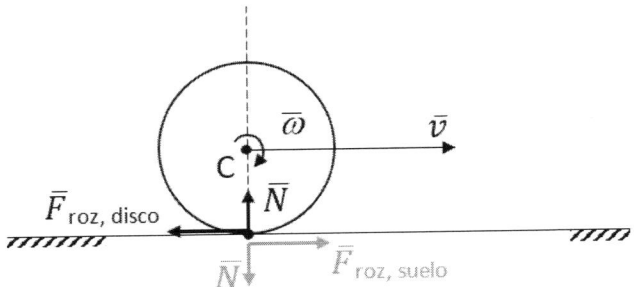

J, rueda sin deslizar

FIGURA 2.2. Disco que rueda sin deslizar

2.2. Momentos respecto a un punto

Se define como momento a la capacidad de que un sólido al que pertenece un punto P, gire en torno a O, debido a una fuerza aplicada en P.

Los momentos se caracterizan mediante un vector en un espacio 3D, por lo que tendrán módulo, recta de aplicación (dirección) y sentido. Se expresarán como:

$$\bar{M}(O) = \{\bar{M}(O)\}_{base} = \begin{bmatrix} M_1 \\ M_2 \\ M_3 \end{bmatrix}_{base}$$

La expresión para calcular momentos será:

$$\bar{M}(O) = \overline{OP} x \bar{F}(P)$$

Obsérvese, que solo la componente perpendicular es la que provocaría momento en O.

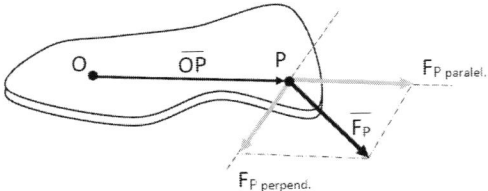

FIGURA 2.3. Momento provocado por una fuerza.

Además, también se cumplirá que

$$\bar{M}(B) = \overline{BP} x \bar{F}(P)$$

Si resulta ser que $\overline{BP} = \overline{BO} + \overline{OP}$, se llegará a la siguiente expresión:

$$\bar{M}(B) = \overline{BP}x\bar{F}(P) = \overline{BO}x\bar{F}(P) + \overline{OP}x\bar{F}(P) = \overline{BO}x\bar{F}(P) + \bar{M}(O)$$

Por tanto, para calcular los momentos en un punto B de un sólido, se han de tener en cuenta los momentos existentes en otros puntos del sólido, y las fuerzas aplicadas en puntos del sólido que provocan momentos en B.

$$\bar{M}(B) = \bar{M}(O) + \overline{BO}x\bar{F}(P)$$

2.3. Acciones de enlace: torsores

Como se ha comentado, debido a la impenetrabilidad del sólido y a las fuerzas en superficie que existen entre sólidos en contacto, se debe definir una manera de modelar estos contactos.

La manera de expresar estos enlaces será lo que en este texto se denominará *torsor de acciones de enlace*. En él, se expresan las fuerzas en las tres direcciones relacionados con los grados de libertad de traslaciones, y los momentos también en las tres direcciones, relacionados con los grados de libertad de giro.

La manera de expresarlo es como sigue.

$$\{J(A)\}_{ejes} = \left[\begin{bmatrix} F_1 \\ F_2 \\ F_3 \end{bmatrix} ; \begin{bmatrix} M_1 \\ M_2 \\ M_3 \end{bmatrix} \right]_{ejes}$$

Como se observa, el torsor se configura en un punto determinado, y en unos ejes determinados. Si el punto A cambia y pasar a ser P, también cambia el torsor: las fuerzas se mantendrían, los momentos también, pero se deberían añadir los momentos causados por las fuerzas aplicadas en A y que provocan momento en P.

$$\{J(P)\}_{ejes} = \left[\begin{bmatrix} F_1 \\ F_2 \\ F_3 \end{bmatrix} ; \begin{bmatrix} M_1 \\ M_2 \\ M_3 \end{bmatrix} + \overline{PA}x \begin{bmatrix} F_1 \\ F_2 \\ F_3 \end{bmatrix} \right]_{ejes}$$

Si lo que cambia son los ejes y no el punto, las componentes del torsor cambian. Bastará proyectar las fuerzas y momentos según los ejes originales, en los nuevos ejes.

$$\left[\begin{bmatrix} F_1 \\ F_2 \\ F_3 \end{bmatrix} ; \begin{bmatrix} M_1 \\ M_2 \\ M_3 \end{bmatrix}\right]_{123} \neq \left[\begin{bmatrix} F_x \\ F_y \\ F_z \end{bmatrix} ; \begin{bmatrix} M_x \\ M_y \\ M_z \end{bmatrix}\right]_{XYZ}$$

2.4. Torsores de acciones de enlace elementales: disco y cilindro

Un torsor en su forma más general tiene sus seis componentes distintas de cero y eso implica que el movimiento está impedido en las tres direcciones, tanto en traslación (lo impiden las fuerzas), como en giro (lo impiden los momentos).

Además, si el torsor representa las acciones de enlace que recibe un sólido 1 en un punto y unos ejes determinados, el segundo sólido, el sólido 2 con el que está en contacto, recibe la reacción.

Las componentes no nulas resultantes en el torsor de acciones de enlace pueden razonarse desde la suposición de distribuciones de acciones en las superficies de los sólidos en contacto (líneas, superficies, cilindros...). En este texto se prescindirá de este razonamiento y se trabajará directamente con la observación de los grados de libertad (traslaciones o rotaciones) permitidos o restringidos.

El torsor de acciones de enlace se escribirá, preferentemente, en un punto asociado al enlace (en un contacto puntual en dicho punto, en uno superficial, en uno incluido en dicha superficie...).

$$\left\lfloor \{J(A)\}_{ejes} \right\rfloor_{s\acute{o}lido\,1} = \left[\begin{bmatrix} F_1 \\ F_2 \\ F_3 \end{bmatrix} ; \begin{bmatrix} M_1 \\ M_2 \\ M_3 \end{bmatrix}\right]_{ejes}$$

entonces

$$\left\lfloor \{J(A)\}_{ejes} \right\rfloor_{s\acute{o}lido\,2} = \left[\begin{bmatrix} -F_1 \\ -F_2 \\ -F_3 \end{bmatrix} ; \begin{bmatrix} -M_1 \\ -M_2 \\ -M_3 \end{bmatrix}\right]_{ejes}$$

Sin embargo, se darán múltiples situaciones particulares, en las que algunas componentes se hacen cero, ya que algunas traslaciones y/o rotaciones son posibles. Es decir, cuando un movimiento de traslación es posible, la fuerza pasa a ser nula, y cuando el giro el posible, el momento pasa a ser nulo.

En muchos casos un sólido puede tener más de un contacto y, por lo tanto, se deberán modelar tantos torsores de enlace como contactos entre sólidos existan. Para su definición, considerando el principio de superposición aplicable, se aislará el contacto a observar como si los demás no estuvieran presentes, repitiendo el proceso con cada uno de los torsores a considerar.

Se van a ver ahora los ejemplos de casos generales como son un disco y un cilindro, en el que se partirá de dos hipótesis diferentes, la de deslizamiento, y la de rodadura sin deslizamiento. Los torsores serán diferentes según las dos hipótesis planteadas, ambos torsores escritos en el punto de contacto J.

<table>
<tr><td>

DISCO QUE DESLIZA

Contacto en J: contacto puntual
Ejes de trabajo: $\overline{123}$
El disco puede deslizarse por el suelo según las direcciones 1 y 2: fuerzas nulas en esas dos direcciones
El disco no puede desplazarse según la dirección 3, ya que despegaría o penetraría en el suelo: fuerza distinta de cero en esta dirección
El disco está apoyado sobre un contacto puntual. El punto, al ser adimensional, no puede tener momentos: los momentos en las direcciones 1, 2 y 3 son nulos

$$\{J(J)\}_{123} = \left[\begin{bmatrix} 0 \\ 0 \\ F_3 \end{bmatrix} ; \begin{bmatrix} 0 \\ 0 \\ 0 \end{bmatrix} \right]_{123}$$

</td><td>

DISCO QUE RUEDA SIN DESLIZAR

Contacto en J: contacto puntual
Ejes de trabajo: $\overline{123}$
El disco no desliza por el suelo, porque rueda sin deslizar: fuerzas distintas de cero en las direcciones 1 y 2
El disco no puede desplazarse según la dirección 3, ya que despegaría o penetraría en el suelo: fuerza distinta de cero
El disco está apoyado sobre un contacto puntual. El punto, al ser adimensional, no puede tener momentos: los momentos en las direcciones 1, 2 y 3 son nulos

$$\{J(J)\}_{123} = \left[\begin{bmatrix} F_1 \\ F_2 \\ F_3 \end{bmatrix} ; \begin{bmatrix} 0 \\ 0 \\ 0 \end{bmatrix} \right]_{123}$$

</td></tr>
</table>

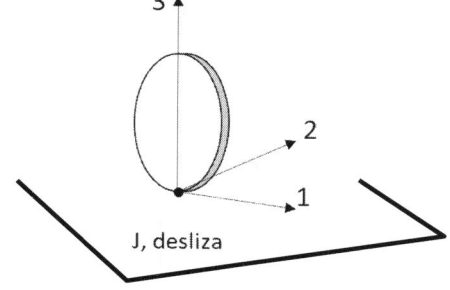

J, desliza

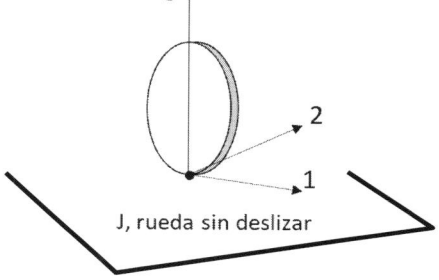

J, rueda sin deslizar

FIGURA 2.4. Disco que desliza　　　FIGURA 2.5. Disco que rueda sin deslizar

CILINDRO QUE DESLIZA

Contacto en J: contacto lineal
Ejes de trabajo: $\bar{1}2\bar{3}$
El cilindro puede deslizarse por el suelo según las direcciones 1 y 2: fuerzas nulas en esas dos direcciones
El cilindro no puede desplazarse según la dirección 3, ya que despegaría o penetraría en el suelo: fuerza distinta de cero en esta dirección
El cilindro está apoyado sobre una línea, y debe mantener ese contacto lineal durante todo el tiempo. Por tanto, el cilindro no puede girar en torno a 1: momento en dirección 1 distinto de cero
La posibilidad de poder deslizar implica que el cilindro puede rotar en torno a 3 y en torno a 2: momentos en esas dos direcciones nulos

CILINDRO QUE RUEDA SIN DESLIZAR

Contacto en J: contacto lineal
Ejes de trabajo: $\bar{1}2\bar{3}$
El cilindro no puede deslizarse por el suelo según las direcciones 1 y 2: fuerzas nulas en esas dos direcciones
El cilindro no puede desplazarse según la dirección 3, ya que despegaría o penetraría en el suelo: fuerza distinta de cero en esta dirección
El cilindro está apoyado sobre una línea, y debe mantener ese contacto lineal durante todo el tiempo. Por tanto, el cilindro no puede girar en torno a 1: momento en dirección 1 distinto de cero
La imposibilidad de poder deslizar implica que el cilindro solo puede rotar en torno a su generatriz: momento nulo en la dirección 2, pero distinto de 0 en la dirección 3

$$\{J(J)\}_{123} = \left[\begin{bmatrix} 0 \\ 0 \\ F_3 \end{bmatrix}; \begin{bmatrix} M_1 \\ 0 \\ 0 \end{bmatrix} \right]_{123}$$

$$\{J(J)\}_{123} = \left[\begin{bmatrix} F_1 \\ F_2 \\ F_3 \end{bmatrix}; \begin{bmatrix} M_1 \\ 0 \\ M_3 \end{bmatrix} \right]_{123}$$

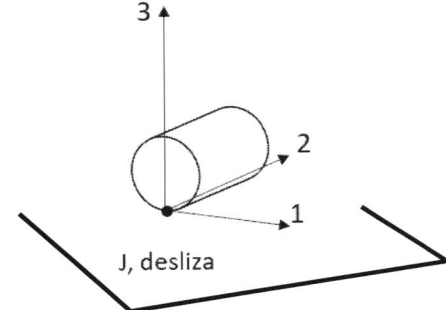

FIGURA 2.6. Cilindro que desliza

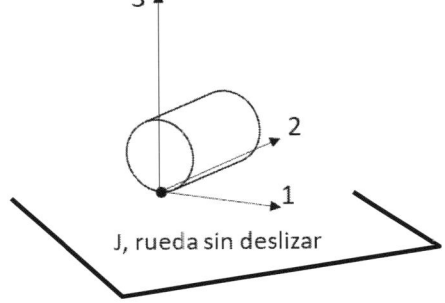

FIGURA 2.7. Cilindro que rueda sin deslizar

Se va a calcular ahora el torsor del cilindro que desliza, pero en unos ejes diferentes, por ejemplo, $\bar{X}\bar{Y}\bar{Z}$. Ya se ha dicho anteriormente, que bastaría proyectar, aunque también se va a calcular de manera "visual" como en los casos anteriores

CILINDRO QUE DESLIZA

Contacto en J: contacto lineal
Ejes de trabajo: $\bar{X}\bar{Y}\bar{Z}$, de **manera visual**
El cilindro puede deslizarse por el suelo según las direcciones X y Y: fuerzas nulas en esas dos direcciones
El cilindro no puede desplazarse según la dirección Z, ya que despegaría o penetraría en el suelo: fuerza distinta de cero en esta dirección
El cilindro está apoyado sobre una línea, y debe mantener ese contacto lineal durante todo el tiempo. Por tanto, el cilindro no puede girar ni en torno a X y tampoco en torno a Y
La posibilidad de poder deslizar implica que el cilindro puede rotar en torno a Z: momento nulo en esa dirección

CILINDRO QUE DESLIZA

Contacto en J: contacto lineal
Ejes de trabajo: $\bar{X}\bar{Y}\bar{Z}$, **proyectando**
La fuerza en Z se mantiene, ya que los ejes Z y 3 coinciden: F_3 en eje Z
Las fuerzas en 1 y 2 habría que proyectarlas en los ejes X e Y mediante el ángulo ψ. Como las fuerzas en 1 y 2 son nulas, las proyecciones también lo son.
El momento en Z se mantiene, ya que los ejes Z y 3 coinciden: M_3 en eje Z
Los momentos en 1 y 2 habría que proyectarlos en los ejes X e Y mediante el ángulo ψ. El momento en 2 es nulo, pero el momento en 1 no lo era. Hay que proyectarlo.

$$\{J(J)\}_{XYZ} = \left[\begin{bmatrix} 0 \\ 0 \\ F_z \end{bmatrix} ; \begin{bmatrix} M_x \\ M_y \\ 0 \end{bmatrix} \right]_{XYZ}$$

$$\{J(J)\}_{XYZ} = \left[\begin{bmatrix} 0 \\ 0 \\ F_3 \end{bmatrix} ; \begin{bmatrix} M_1 cos\psi \\ M_1 sen\psi \\ 0 \end{bmatrix} \right]_{XYZ}$$

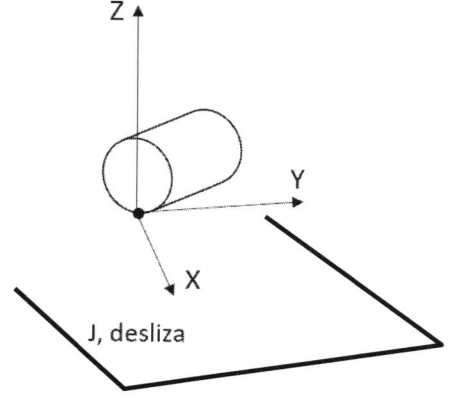

FIGURA 2.8. Cilindro con ejes XYZ

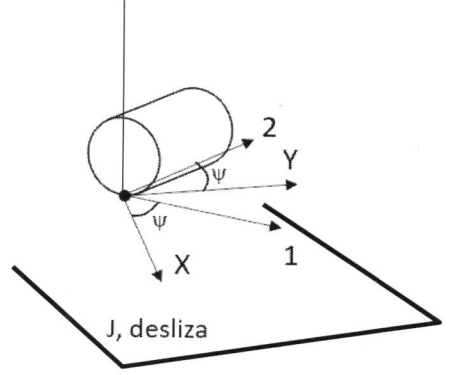

FIGURA 2.9. Cilindro con ejes 123

Una vez calculado el torsor en el mismo punto, y los mismos ejes, pero de maneras diferentes, se tiene que cumplir que sean iguales y con el mismo número de incógnitas, por lo que se puede deducir de las expresiones anteriores que:

$$M_x = M_1 cos\psi$$
$$M_y = M_1 sen\psi$$

$$F_z = F_3$$

Es importante tener en cuenta que un sólido puede tener más de un enlace, ya que en cadenas cinemáticas, cada sólido pueden estar unido a más de un sólido, y por tanto, un solo sólido tener más de un contacto. Se deberá construir un torsor por cada uno de los enlaces elementales que aparezcan en cada sólido de un sistema mecánico, y se aplicará posteriormente el principio de superposición para considerar todos ellos.

2.5. Problema ejemplo

Se tiene una horquilla que gira en torno a su eje vertical gracias a un motor en el techo. Con respecto a la horquilla puede girar una varilla, que además tiene un contacto puntual en B con una pista circular fija. La varilla puede deslizar a lo largo de la pista circular.

a) Configurar los torsores elementales de enlace del sistema mecánico.

b) Calcular el torsor de enlace de la varilla en su centro de gravedad.

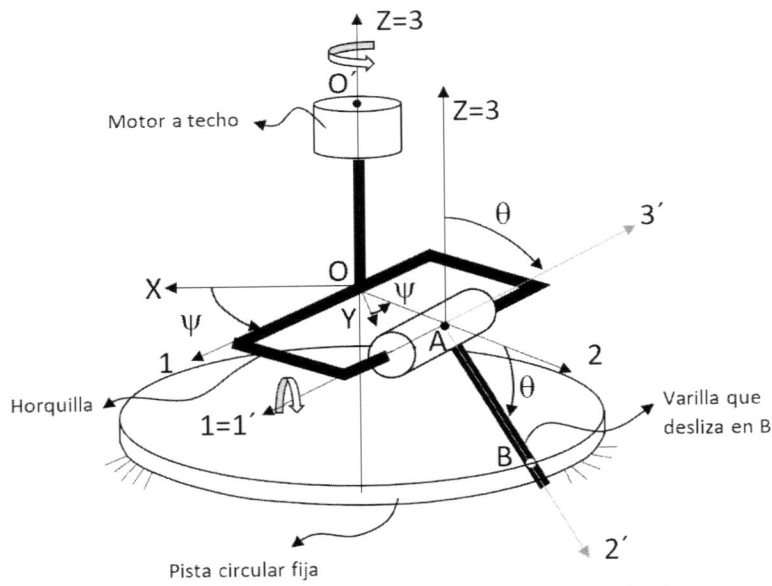

FIGURA 2.10 Horquilla con varilla que apoya en pista circular

En primer lugar, y como se ha visto en la parte de cinemática, será necesario construir la cadena de bases para entender el movimiento del mecanismo. Para la figura de este problema, la cadena de bases quedará:

$\overline{X}\overline{Y}\overline{Z}$	$(+)\psi$	$\overline{1}\overline{2}\overline{3}$	$(-)\theta$	$\overline{1}'\overline{2}'\overline{3}'$
Pista fija-Techo	$\rightarrow$	Horquilla	$\rightarrow$	Varilla
Base fija	$Z=3$	Base móvil	$1=1'$	Base móvil

Si en el enunciado del problema no se indica en qué ejes trabajar, en este punto se recomienda identificar los ejes solidarios a cada uno de los sólidos para modelar más fácilmente los torsores en ellos. En el caso de la horquilla, sus ejes solidarios son $\overline{1}\overline{2}\overline{3}$, por lo que todos los torsores de este sólido, se calcularán en estos ejes. En el caso de la varilla se actuará de la misma manera, pero en los ejes $\overline{1}'\overline{2}'\overline{3}'$.

Se irá configurando una tabla, en la que se incorporarán tantas columnas como sólidos, y se irán añadiendo las siguientes filas:

Primera fila: se identifican los ejes solidarios a cada sólido, para todos los sólidos.

Segunda fila: se incorpora un esquema sencillo (alzado o perfil) del mecanismo, y se indica en él los contactos que tiene cada sólido, para todos los sólidos.

Tercera fila: se va rellenando un torsor por cada contacto y sólido, para todos los sólidos.

Horquilla → $\overline{1}\overline{2}\overline{3}$　　　　　　　Varilla → $\overline{1}'\overline{2}'\overline{3}'$

En ambos esquemas, y para cada sólido, se marca con el símbolo $\oplus$ los contactos que se tienen. En el primer caso, la horquilla tiene contacto con el techo, y con la varilla. En el segundo caso, la varilla tiene contacto con la horquilla y con la pista circular.

Habrá para cada sólido, tantos torsores como contactos señalados en el esquema.

Obsérvese que uno de los contactos aparece repetido en los dos esquemas, en concreto, el contacto horquilla-varilla. Esto implica que en este contacto se tendrá un torsor de acción, y otro de reacción. No se debe olvidar que todos los torsores cumplen la tercera ley de Newton, por lo que la reacción siempre debe recaer en algún sitio. En este caso, el torsor resultado de O para la horquilla tiene su reacción en el techo, y el torsor resultado de B para la varilla tiene su reacción en la pista circular.

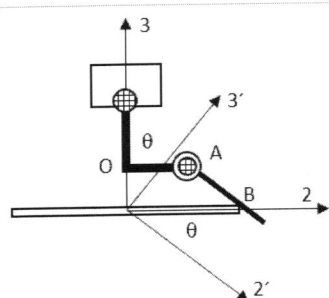

Dos contactos → dos torsores, en O y A

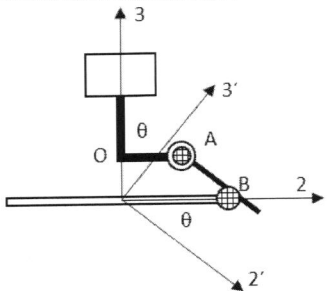

Dos contactos → dos torsores en A y B

Torsor en O horquilla-techo: Desaparecen todos los demás sólidos (pista, varilla), y se analiza el contacto como si los sólidos descartados no existieran.

Para este caso, es mucho más sencillo analizar el movimiento en los ejes $\overline{1}\overline{2}\overline{3}$, que además son los solidarios a la horquilla.

Según las direcciones $\overline{1}\overline{2}\overline{3}$, la horquilla no puede desplazarse respecto al techo en ninguna de ellas → Las tres fuerzas distintas de cero.

Según las direcciones $\overline{1}\overline{2}\overline{3}$, la horquilla solo puede girar según la dirección 3 respecto al techo → momento en dirección 3 nulo, y los otros dos distintos de cero.

Torsor en B varilla-pista: Desaparecen todos los demás sólidos (horquilla, techo), y se analiza el contacto como si los sólidos descartados no existieran.

Para este caso, es mucho más sencillo analizar el movimiento en los ejes $\overline{1'}\overline{2'}\overline{3'}$, que además son los solidarios a la horquilla.

Según las direcciones $\overline{1'}\overline{2'}\overline{3'}$, la varilla no puede desplazarse respecto a la pista únicamente en la dirección 3′, en las otras dos direcciones, la varilla desliza → Fuerza en 3′ distinta de cero y distinta de las demás y en las otras dos direcciones fuerzas nulas.

En el caso de los momentos, el contacto es puntual → los momentos en las tres direcciones serán nulos

$$\{J(O)\}_{123} = \begin{bmatrix} \begin{bmatrix} F_1 \\ F_2 \\ F_3 \end{bmatrix}; \begin{bmatrix} M_1 \\ M_2 \\ 0 \end{bmatrix} \end{bmatrix}_{123}$$

← *La reacción de este torsor va al techo*

$$\{J(B)\}_{1'2'3'}$$
$$= \begin{bmatrix} \begin{bmatrix} 0 \\ 0 \\ F''_3 \end{bmatrix}; \begin{bmatrix} 0 \\ 0 \\ 0 \end{bmatrix} \end{bmatrix}_{1'2'3'} \rightarrow$$

La reacción de este torsor va a la pista

Torsor en A horquilla-varilla: Desaparecen todos los demás sólidos (pista, techo), y se analiza el contacto como si los sólidos descartados no existieran.

Según las direcciones $\overline{1}\overline{2}\overline{3}$, la varilla no puede desplazarse respecto al horquilla en ninguna de ellas → Las tres fuerzas distintas de cero, y distintas de las anteriores. Según las direcciones $\overline{1}\overline{2}\overline{3}$, la horquilla solo puede girar según la dirección 1 respecto a la varilla → momento en dirección 1 nulo, y los otros dos distintos de cero, y distintos de los anteriores.

Torsor en A varilla-horquilla: Este torsor pasa directamente por acción-reacción

$$\{J(A)\}_{123}$$
$$= \left[\begin{bmatrix} F'_1 \\ F'_2 \\ F'_3 \end{bmatrix} ; \begin{bmatrix} 0 \\ M'_2 \\ M'_3 \end{bmatrix} \right]_{123}$$

La reacción de este torsor va a la varilla

$\leftrightarrow$

$$\{J(A)\}_{123}$$
$$= \left[\begin{bmatrix} -F'_1 \\ -F'_2 \\ -F'_3 \end{bmatrix} ; \begin{bmatrix} 0 \\ -M'_2 \\ -M'_3 \end{bmatrix} \right]_{123}$$

La reacción de este torsor va a la horquilla

Obsérvese que todos los torsores de la horquilla están en los ejes $\overline{123}$, solidarios a dicha horquilla, y que se podría operar con ellos al estar en la misma base. En el caso de la varilla, el torsor varilla-horquilla está expresado en los ejes $\overline{123}$, mientras que el torsor varilla-pista lo está en los ejes $\overline{1'2'3'}$. Para poder operar con ellos, deberían estar ambos en la misma base.

Como se ha dispuesto en este capítulo, y salvo que se indique lo contrario, es recomendable trabajar en los ejes solidarios al sólido, para el caso de la varilla, se pasarán todos los torsores a los ejes $\overline{1'2'3'}$.

Es decir, si

$$\{J(A)\}_{123} = \left[\begin{bmatrix} -F'_1 \\ -F'_2 \\ -F'_3 \end{bmatrix} ; \begin{bmatrix} 0 \\ -M'_2 \\ -M'_3 \end{bmatrix} \right]_{123}$$

entonces

$$\{J(A)\}_{1'2'3'} = \left[\begin{bmatrix} -F'_1 \\ -F'_2 cos\theta + F'_3 sen\theta \\ -F'_2 sen\theta - F'_3 cos\theta \end{bmatrix} ; \begin{bmatrix} 0 \\ -M'_2 cos\theta + M'_3 sen\theta \\ -M'_2 sen\theta - M'_3 cos\theta \end{bmatrix} \right]_{1'2'3'}$$

Para calcular la segunda parte del problema, es decir, para configurar el torsor de enlace de la varilla en su centro de gravedad, se deberán reunir los torsores de los enlaces elementales de este sólido, en el indicado, es decir, en G.

Por ello, será necesario operar con los torsores calculados en la tabla. La primera condición que se debe dar para operar con dichos torsores, es que todos ellos estén en expresados en la misma base. Este es el paso previo que se ha dado tras acabar la tabla. Ahora solo falta realizar el sumatorio de fuerzas en cada eje, para calcular la resultante en G para cada dirección, y trabajar de idéntica manera con los momentos, sin olvidar que todas las fuerzas aplicadas en el sólido fuera de G, provocan momento en G.

Por tanto, para las fuerzas:

$$\{J(G)\}_{1'2'3'} = \left[\begin{bmatrix} 0 \\ 0 \\ F''_3 \end{bmatrix} + \begin{bmatrix} -F'_1 \\ -F'_2 cos\theta + F'_3 sen\theta \\ -F'_2 sen\theta - F'_3 cos\theta \end{bmatrix}; \begin{bmatrix} \cdots \\ \cdots \\ \cdots \end{bmatrix}\right]_{1'2'3'}$$

Fuerzas   Fuerzas en A
en B

y para los momentos:

$$\{J(G)\}_{1'2'3'} = \left[\begin{bmatrix} \cdots \\ \cdots \\ \cdots \end{bmatrix}; \begin{bmatrix} 0 \\ 0 \\ 0 \end{bmatrix} + \begin{bmatrix} 0 \\ -M'_2 cos\theta + M'_3 sen\theta \\ -M'_2 sen\theta - M'_3 cos\theta \end{bmatrix} + \overline{GB}x\begin{bmatrix} 0 \\ 0 \\ F''_3 \end{bmatrix} + \overline{GA}x\begin{bmatrix} -F'_1 \\ -F'_2 cos\theta + F'_3 sen\theta \\ -F'_2 sen\theta - F'_3 cos\theta \end{bmatrix}\right]_{1'2'3'}$$

$\uparrow$ $\uparrow$ $\uparrow$ $\uparrow$

Momentos   Momentos   Momentos en   Momentos en G
en B   en A   G provocados provocados por las
                      por las   fuerzas en A
                      fuerzas en B

3. Dinámica de la partícula

3.1. ¿Qué es la Dinámica?

La Dinámica pretende relacionar el movimiento con las causas que lo producen. Desde el punto de vista vectorial se estaría haciendo referencia a fuerzas y momentos, mientras que desde el punto de vista analítico, se estaría hablando de trabajo y energía.

En dinámica, se elaborarán modelos matemáticos que van a definir el movimiento de un sistema mecánico tal que:
- Si se conocen las acciones aplicadas, se obtendrá el movimiento (problema directo).
- Si se conoce el movimiento, se obtendrán las acciones necesarias para que ese movimiento tenga lugar (problema inverso).

Además, las acciones de enlace incluidas en los torsores vistos en el capítulo 2, serán siempre incógnitas del problema.

3.2. Definición de sistema de referencia. Referencias inerciales

El sistema de referencia difiere de la referencia vista en la parte de cinemática, ya que el sistema de referencia está dentro del marco espacio-tiempo. Por tanto, el sistema de referencia incluirá la referencia que en su momento se definió como un punto y tres versores perpendiculares dos a dos, y se le incorporará el tiempo, que según Newton es único y absoluto, y por tanto no depende de la referencia espacial escogida.

Las referencias inerciales son aquellas que cumplen las siguientes condiciones:
- El tiempo es uniforme, lo que implica que un cambio en el origen del tiempo, no influye en el experimento.
- El espacio es homogéneo, lo que significa que el lugar de la referencia en la que se produce el experimento, no modifica el resultado del mismo.
- El espacio es isótropo, y por tanto todas las direcciones de la referencia son equivalentes para realizar el experimento.

Entonces, en una referencia inercial y para una partícula libre en el espacio:
- Si está en reposo, continua en reposo.

- Si está en movimiento, continua en movimiento según una trayectoria rectilínea y uniforme.

Según Galileo, existen infinitas referencias, que se denominarán galileanas, con movimiento de traslación rectilínea y uniforme de unas respecto de otras.

En este texto, centrado en el movimiento mecánico de sistemas industriales típicos como máquinas y vehículos, se considerará que el movimiento de traslación y rotación de la tierra es despreciable, frente a las velocidades de los mecanismos mencionados, y por lo tanto se tratará como una referencia fija, es decir, un sistema inercial.

3.3. Leyes del planteamiento vectorial de la mecánica

De los hechos experimentales observados al analizar la interacción entre dos partículas, se deducen las siguientes leyes:

Primera ley de Newton o ley de Inercia: Esta ley postula que una partícula no puede cambiar por sí sola su estado inicial, ya sea en reposo o en movimiento rectilíneo uniforme, a menos que se aplique una fuerza o una serie de fuerzas cuya resultante no sea nula.

Principio de relatividad de Galileo: según lo visto en el apartado anterior, se puede concluir que Galileo lo que enuncia es que desde cualquier sistema de referencia inercial se observan las mismas leyes físicas (desde todos ellos se miden las mismas fuerzas).

Principio de determinación: Conocido el estado de un sistema mecánico dado por la posición de un punto P y sus derivadas temporales sucesivas, está determinado el movimiento ulterior del sistema.

Segunda ley de Newton o Ley fundamental de la dinámica: Indica que la aceleración de P es proporcional a la resultante de fuerzas aplicadas sobre la partícula siendo la masa de dicha partícula la constante de proporcionalidad.

Tercera ley de Newton o principio de acción-reacción: establece que siempre que una partícula ejerce una fuerza sobre una segunda partícula, esta ejerce una fuerza de igual magnitud y dirección pero en sentido opuesto sobre la primera.

3.4. La segunda ley de Newton en sistemas inerciales

Como se ha visto en el apartado anterior, la segunda ley de Newton indica que la aceleración que adquiere una partícula es proporcional a la fuerza aplicada sobre ella, mediante una constante que es la masa de la propia partícula.

Explicado desde un punto de vista más riguroso, se diría que cuando una partícula P interacciona con otras partículas del sistema inercial, les comunica una aceleración que medida en una referencia Galileana cumple:

$$\sum_P \bar{F}(P) = m(P)\,\bar{\gamma}_{ref\ Galileana}(P) \quad \rightarrow \quad \sum_P \bar{F}(P) = m(P)\,\bar{\gamma}_{abs}(P)$$

tal que el sumatorio de fuerzas tiene en cuenta todas las fuerzas verdaderas actuantes (las activas y las pasivas), $m(P)$ es la masa de la partícula, y $\bar{\gamma}_{abs}(P)$ es la aceleración que adquiere dicha partícula. Por tanto, la única causa que cambia el estado de reposo o movimiento, para un observador inercial, son las fuerzas verdaderas.

3.5. La segunda ley de Newton en sistemas no inerciales

En este caso se observará desde una referencia no galileana o sistema no inercial que, o cumple que el origen del mismo tiene aceleración, o que el origen es fijo pero la orientación de la referencia cambia, o que se dan ambas situaciones a la vez.

Esto lo que implica, es que el movimiento observado ahora será relativo en vez de absoluto, y el observador advertirá una $\bar{\gamma}_{rel}(P)$.

La segunda ley de Newton para referencias no inerciales se desarrollará entonces de la siguiente manera. Se sabe que, a partir de la aceleración absoluta de P:

$$\bar{\gamma}_{abs}(P) = \bar{\gamma}_{rel}(P) + \bar{\gamma}_e(P) + \bar{\gamma}_{cor}(P)$$

donde

$$\bar{\gamma}_e(P) = \bar{\gamma}_{abs}(B) + \dot{\bar{\Omega}}_e x\overline{BP} + \bar{\Omega}_e x(\bar{\Omega}_e x\overline{BP})con\ B \in RM\ \ y\ \ \bar{\Omega}_e = \bar{\Omega}_{abs}(RM)$$

$$\bar{\gamma}_{cor}(P) = 2\bar{\Omega}_e x\bar{v}_{rel}(P)$$

Entonces

$$\sum_P \bar{F}(P) = m(P)\,\bar{\gamma}_{abs}(P) = m(P)\bar{\gamma}_{rel}(P) + m(P)\bar{\gamma}_e(P) + m(P)\bar{\gamma}_{cor}(P)$$

tal que

$$\sum_P \bar{F}(P) + \bar{\mathcal{F}}_e + \bar{\mathcal{F}}_{cor} = m(P)\bar{\gamma}_{rel}(P)$$

siendo $\bar{\mathcal{F}}_e = -m(P)\bar{\gamma}_e(P)$ y $\bar{\mathcal{F}}_{cor} = -m(P)\bar{\gamma}_{cor}(P)$

En estos sistemas no inerciales, se pueden dar situaciones particulares:

Si el sistema no inercial no gira y se mueve con velocidad no constante, entonces la velocidad angular y la aceleración angular absolutas del sistema no inercial son nulas ($\bar{\Omega}_e = 0$, $\bar{\dot{\Omega}}_e = 0$), lo que implica que la fuerza de arrastre $\bar{\mathcal{F}}_e$ tendrá la forma $m(P)\bar{\gamma}_{abs}(B)$ siendo B un punto que pertenece al sistema de referencia móvil no inercial. Además, la fuerza de Coriolis $\bar{\mathcal{F}}_{cor}$ también será nula. Entonces,

$$\sum_P \bar{F}(P) - m(P)\bar{\gamma}_{abs}(B) = m(P)\bar{\gamma}_{rel}(P) \ con \ B\epsilon \ sistema \ no \ inercial$$

Si el sistema no inercial no gira y además se traslada con velocidad constante, entonces la velocidad angular y la aceleración angular absolutas del sistema no inercial son nulas, así como la aceleración del punto B del sistema no inercial, y por tanto, la fuerza de arrastre $\bar{\mathcal{F}}_e$ y la fuerza de Coriolis $\bar{\mathcal{F}}_{cor}$ serán nulas. Así

$$\sum_P \bar{F}(P) = m(P)\bar{\gamma}_{rel}(P)$$

3.6. Problema ejemplo 1

Se tiene una gimnasta de gimnasia rítmica que porta un aro de radio R en sus manos. Insertada en el aro se tiene una bola de tamaño despreciable, que se considerará como una partícula de masa M, y que puede deslizarse a lo largo del aro. Es decir, que puede describir círculos con centro en O. La gimnasta realiza un ejercicio girando sobre su eje vertical.

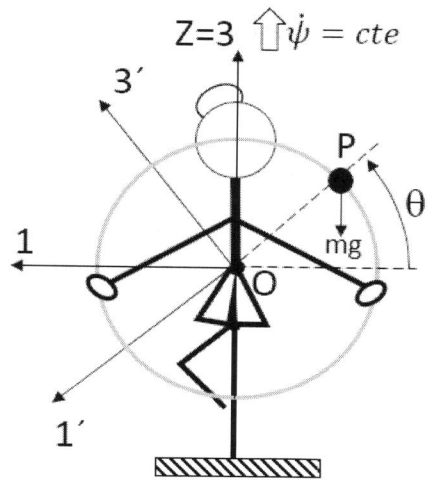

Z=3 $\Uparrow \dot{\psi} = cte$

3'

P

θ

1

mg

O

1'

FIGURA 3.1. Gimnasta con aro y bola insertada

Se pide calcular las ecuaciones del movimiento, así como las fuerzas de enlace que pudieran existir entre el aro y la bola, considerando que la gimnasta gira sobre sí misma a velocidad angular constante y conocida.

En este tipo de problemas se aconseja seguir siempre los mismos pasos y en el mismo orden. El ejemplo servirá para ilustrar la metodología.

Paso 1: se va a configurar la cadena de bases del sistema, para posteriormente elegir en qué ejes proyectar.

$\bar{X}\bar{Y}\bar{Z}$	$(+)\psi$	$\bar{1}\bar{2}\bar{3}$	$(+)\theta$	$\bar{1}'\bar{2}'\bar{3}'$
Suelo	$\rightarrow$	Gimnasta	$\rightarrow$	Bola
Base fija	Z=3	Base móvil	2=2'	Base móvil

Se elige la base $\bar{1}'\bar{2}'\bar{3}'$ para proyectar.

Paso 2: determinar las coordenadas y velocidades generalizadas, así como los grados de libertad del sistema. En este caso, basta situar a la gimnasta con O que es fijo, y orientarla con el ángulo ψ, y la bola, se orientará con θ, y quedará situada gracias a la gimnasta.

Es decir,

Coordenadas generalizadas: $q = \psi, \theta$
Velocidades generalizadas: $\dot{q} = \dot{\psi}, \dot{\theta}$

Como no existen ecuaciones de enlace, el problema tiene dos grados de libertad. Cada grado de libertad equivale a una ecuación del movimiento. Si el enunciado del problema no indica de manera alguna cómo son esas ecuaciones del movimiento, ambas serían incógnita. En este caso, se indica que la gimnasta gira sobre sí misma con velocidad angular constante y conocida, o lo que es lo mismo, el enunciado del problema está indicando como dato una de las ecuaciones del movimiento. Esto implica que ahora ya solo es desconocida una de dichas ecuaciones del movimiento, la relacionada con el cambio de orientación θ. La relacionada con ψ será conocida y de la forma: $\dot{\psi} = cte$.

Paso 3: ahora, se van a analizar las acciones actuantes, para poder aplicar la segunda ley de Newton. Por tanto, estas acciones deben ser tanto las activas, como las pasivas.

Dentro de las activas, se tiene el peso de la bola, y no se tienen ni muelles, ni amortiguadores, ni actuadores. El peso, proyectado en los ejes $\overline{1'}\overline{2'}\overline{3'}$ es de la forma:

$$\{M\bar{g}\}_{1'2'3'} = \begin{bmatrix} Mgsen\theta \\ 0 \\ -Mgcos\theta \end{bmatrix}_{1'2'3'}$$

En cuanto a las acciones de enlace, se considera la masa insertada en el aro, y se construirá el torsor en base a este escenario.

La bola no se puede mover respecto al aro en ninguna de las tres direcciones, porque si no, esta se saldría del mismo, por tanto, existen fuerzas en las tres direcciones según los ejes $\overline{1'}\overline{2'}\overline{3'}$.

Además, si se considera la bola como una partícula (o lo que es lo mismo, un punto sin dimensiones), todos los momentos son nulos.

$$\{J(P)\}_{1'2'3'} = \begin{bmatrix} \begin{bmatrix} F_1 \\ F_2 \\ F_3 \end{bmatrix}; \begin{bmatrix} 0 \\ 0 \\ 0 \end{bmatrix} \end{bmatrix}_{1'2'3'}$$

Sin embargo, la bola puede girar en torno al eje 2=2' respecto del centro O de la gimnasta, lo que implica que

$$\lfloor \bar{M}_O \rfloor_{respecto\ eje\ 2=2'} = 0$$

Se va a pasar por tanto el torsor del punto P al punto O, para poder aplicar la condición anterior. Se trasladan las fuerzas, se trasladan los momentos, y se tienen en cuenta los momentos provocados en O debido a las acciones que se tienen en P.

$$\{J(O)\}_{1'2'3'} = \begin{bmatrix} \begin{bmatrix} F_1 \\ F_2 \\ F_3 \end{bmatrix}; \begin{bmatrix} 0 \\ 0 \\ 0 \end{bmatrix} + \overline{OP}x\begin{bmatrix} F_1 \\ F_2 \\ F_3 \end{bmatrix} \end{bmatrix}_{1'2'3'} = \begin{bmatrix} \begin{bmatrix} F_1 \\ F_2 \\ F_3 \end{bmatrix}; \begin{bmatrix} 0 \\ RF_3 \\ -RF_2 \end{bmatrix} \end{bmatrix}_{1'2'3'}$$

Aplicando la condición:

$$RF_3 = 0$$

se tiene entonces el torsor en P queda finalmente con dos incógnitas: F_1 y F_2.

$$\{J(P)\}_{1'2'3'} = \left[\begin{bmatrix} F_1 \\ F_2 \\ 0 \end{bmatrix} ; \begin{bmatrix} 0 \\ 0 \\ 0 \end{bmatrix} \right]_{1'2'3'}$$

Paso 4: se realiza ahora un balance de incógnitas y ecuaciones del problema. En este caso serán tres incógnitas: una ecuación del movimiento y dos fuerzas de enlace: $\dot{\theta}, F_1, F_2$.

Aplicando la segunda ley de Newton, y dado que la expresión vectorial da lugar a tres igualdades, se tendrán tres ecuaciones para resolver el sistema, y obtener el valor de las tres incógnitas.

Paso 5: se aplica la segunda ley de Newton como tal:

$$\sum_P \bar{F}(P) = m(P)\,\bar{\gamma}_{abs}(P)$$

Para ello es necesario calcular antes la aceleración absoluta de P, trabajando en los ejes $\overline{1'}\,\overline{2'}\,\overline{3'}$.

$$\{\bar{\gamma}_{abs}(P)\}_{1'2'3'} = \frac{d}{dt}\{\bar{v}_{abs}(P)\}_{1'2'3'} + \{\bar{\Omega}_{abs}(1'2'3')x\bar{v}_{abs}(P)\}_{1'2'3'}$$

donde

$$\{\bar{v}_{abs}(P)\}_{1'2'3'} = \frac{d}{dt}\{\overline{OP}\}_{1'2'3'} + \{\bar{\Omega}_{abs}(1'2'3')x\overline{OP}\}_{1'2'3'}$$

Sabiendo que

$$\{\bar{\Omega}_{abs}(1'2'3')\}_{1'2'3'} = \begin{bmatrix} -\dot{\psi}sen\theta \\ \dot{\theta} \\ \dot{\psi}cos\theta \end{bmatrix}_{1'2'3'}$$

se procede a operar,

$$\{\bar{v}_{abs}(P)\}_{1'2'3'} = \frac{d}{dt}\begin{bmatrix} -R \\ 0 \\ 0 \end{bmatrix}_{1'2'3'} + \begin{bmatrix} -\dot{\psi}sen\theta \\ \dot{\theta} \\ \dot{\psi}cos\theta \end{bmatrix}_{1'2'3'} x \begin{bmatrix} -R \\ 0 \\ 0 \end{bmatrix}_{1'2'3'} = \begin{bmatrix} 0 \\ -R\dot{\psi}cos\theta \\ R\dot{\theta} \end{bmatrix}_{1'2'3'}$$

$$\{\bar{\gamma}_{abs}(P)\}_{1'2'3'} = \frac{d}{dt}\begin{bmatrix} 0 \\ -R\dot{\psi}cos\theta \\ R\dot{\theta} \end{bmatrix}_{1'2'3'} + \begin{bmatrix} -\dot{\psi}sen\theta \\ \dot{\theta} \\ \dot{\psi}cos\theta \end{bmatrix}_{1'2'3'} x \begin{bmatrix} 0 \\ -R\dot{\psi}cos\theta \\ R\dot{\theta} \end{bmatrix}_{1'2'3'} =$$

$$= \begin{bmatrix} R\dot{\theta}^2 + R\dot{\psi}^2 cos^2\theta \\ 2R\dot{\psi}\dot{\theta}sen\theta \\ R\dot{\psi}^2 cos\theta sen\theta - R\ddot{\theta} \end{bmatrix}_{1'2'3'}$$

Al final, la segunda ley de Newton queda:

$$\begin{bmatrix} Mgsen\theta \\ 0 \\ -Mgcos\theta \end{bmatrix}_{1'2'3'} + \begin{bmatrix} F_1 \\ F_2 \\ 0 \end{bmatrix}_{1'2'3'} = M \begin{bmatrix} R\dot{\theta}^2 + R\dot{\psi}^2 cos^2\theta \\ 2R\dot{\psi}\dot{\theta}sen\theta \\ R\dot{\psi}^2 cos\theta sen\theta - R\ddot{\theta} \end{bmatrix}_{1'2'3'}$$

de donde se podrán despejar las tres incógnitas.

3.7. Problema ejemplo 2

En este segundo problema, se tiene una bola de masa M y radio despreciable insertada en el tramo horizontal de una varilla acodada. La varilla acodada gira respecto a un eje vertical gracias a un motor que le confiere una velocidad angular absoluta constante, y la bola puede desplazarse a lo largo del correspondiente tramo horizontal de la varilla.

Se pide calcular las ecuaciones del movimiento de la partícula P, así como las fuerzas de enlace, pero en

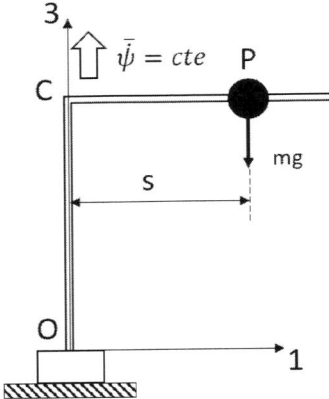

FIGURA 3.2. Canica insertada en brazo acodado

este caso desde un sistema de referencia no inercial solidario a la propia varilla acodada.

De nuevo en este problema se seguirá la metodología descrita anteriormente, pero teniendo en cuenta que ahora, se deben calcular las fuerzas de arrastre y Coriolis, ya que se observa desde un sistema no inercial (cambia de orientación).

Paso 1: se va a configurar la cadena de bases del sistema, para posteriormente elegir en qué ejes proyectar.

$\bar{X}\bar{Y}\bar{Z}$	$(+)\psi$	$\bar{1}\bar{2}\bar{3}$
Suelo	$\rightarrow$	Varilla acodada-partícula
Base fija	Z=3	Base móvil

Se elige la base $\bar{1}\bar{2}\bar{3}$ para trabajar.

Paso 2: se buscan las coordenadas y velocidades generalizadas, así como los grados de libertad del sistema. En este caso, se sitúa la varilla acodada con C que es fijo, y se orienta con el ángulo ψ. La bola tendrá la misma orientación que la varilla, y se situará respecto al punto C de la varilla mediante la distancia s variable.

Es decir,

$$\text{Coordenadas generalizadas: } q = \psi, s$$
$$\text{Velocidades generalizadas: } \dot{q} = \dot{\psi}, \dot{s}$$

De nuevo no se tienen ecuaciones de enlace, por lo que el problema tiene dos grados de libertad, que corresponden a dos ecuaciones del movimiento. Como una de ellas se facilita en el enunciado, $\dot{\psi} = cte$, se tendrá una única ecuación del movimiento como incógnita.

Paso 3: ahora, se van a analizar las acciones actuantes, para poder aplicar la segunda ley de Newton. Se consideran acciones activas, pasivas, pero se han de calcular también las de inercia ($\bar{\mathcal{F}}_e, \bar{\mathcal{F}}_{cor}$)

Dentro de las activas, se tiene únicamente el peso de la bola, que proyectado en los ejes $\bar{1}\bar{2}\bar{3}$ queda:

$$\{M\bar{g}\}_{123} = \begin{bmatrix} 0 \\ 0 \\ -Mg \end{bmatrix}_{123}$$

En cuanto a las acciones de enlace, se considera la masa insertada en la varilla, y se construirá el torsor.

La bola solo se puede desplazar en la dirección 1, por lo que la fuerza en esta dirección será nula. No se puede mover respecto a la varilla en las otras dos direcciones por lo que F_2 y F_3 son distintas de cero.

Si se considera la bola, como una partícula, todos los momentos son nulos.

$$\{J(P)\}_{1'2'3'} = \left[\begin{bmatrix} 0 \\ F_2 \\ F_3 \end{bmatrix} ; \begin{bmatrix} 0 \\ 0 \\ 0 \end{bmatrix}\right]_{123}$$

Paso 4: se realiza ahora un balance de incógnitas y ecuaciones del problema. En este caso serán tres incógnitas: una ecuación del movimiento y dos fuerzas de enlace: $\dot{s}, F_2, F_3$.

Aplicando la segunda ley de Newton, y dado que la expresión vectorial da lugar a tres igualdades, se tendrán tres ecuaciones para resolver el sistema, y obtener el valor de las tres incógnitas.

Paso 5: se aplica la segunda ley de Newton para sistema no inercial, observando desde un punto perteneciente a la varilla acodada que bien puede ser C.

$$\sum_P \bar{F}(P) + \bar{\mathcal{F}}_e + \bar{\mathcal{F}}_{cor} = m(P)\bar{\gamma}_{rel}(P)$$

con

$$\bar{\mathcal{F}}_e = -m(P)\bar{\gamma}_e(P) = -m\left(\bar{\gamma}_{abs}(C) + \dot{\bar{\Omega}}_e x\overline{CP} + \bar{\Omega}_e x(\bar{\Omega}_e x\overline{CP})\right) con\ C\epsilon\ varilla$$

$$\bar{\mathcal{F}}_{cor} = -m(P)\bar{\gamma}_{cor}(P) = -m\left(2\bar{\Omega}_e x\bar{v}_{rel}(P)\right)$$

Se calculará en primer lugar la aceleración relativa del punto P, por derivación.

$$\{\bar{\gamma}_{rel}(P)\}_{123} = \frac{d}{dt}\{\bar{v}_{rel}(P)\}_{123} + \{\bar{\Omega}_{rel}(123)x\bar{v}_{rel}(P)\}_{123}$$

siendo

$$\{\bar{v}_{rel}(P)\}_{123} = \frac{d}{dt}\{\overline{CP}\}_{123} + \{\bar{\Omega}_{rel}(123)x\overline{CP}\}_{123}$$

Sabiendo que la velocidad angular relativa de la base es nula ya que la referencia no inercial y la base de proyección son solidarias,

$$\{\bar{\Omega}_{rel}(123)\}_{123} = \bar{0}$$

y operando, se obtiene la aceleración relativa buscada.

$$\{\bar{v}_{rel}(P)\}_{123} = \frac{d}{dt}\begin{bmatrix} s \\ 0 \\ 0 \end{bmatrix}_{123} + \begin{bmatrix} 0 \\ 0 \\ 0 \end{bmatrix}_{123} x \begin{bmatrix} s \\ 0 \\ 0 \end{bmatrix}_{123} = \begin{bmatrix} \dot{s} \\ 0 \\ 0 \end{bmatrix}_{123}$$

$$\{\bar{\gamma}_{rel}(P)\}_{123} = \frac{d}{dt}\begin{bmatrix} \dot{s} \\ 0 \\ 0 \end{bmatrix}_{123} + \begin{bmatrix} 0 \\ 0 \\ 0 \end{bmatrix}_{123} x \begin{bmatrix} \dot{s} \\ 0 \\ 0 \end{bmatrix}_{123} = \begin{bmatrix} \ddot{s} \\ 0 \\ 0 \end{bmatrix}_{123}$$

Se procede ahora a calcular las fuerzas de arrastre y Coriolis. Para ello, es necesario conocer la aceleración absoluta de C, que es nula por ser un punto fijo, y la velocidad angular y la aceleración angular de la referencia no inercial, es decir, la varilla,

$$\{\bar{\Omega}_e\}_{123} = \{\bar{\Omega}_{abs}(varilla\}_{123} = \begin{bmatrix} 0 \\ 0 \\ \dot{\psi} \end{bmatrix}_{123}$$

$$\left\{\bar{\dot{\Omega}}_e\right\}_{123} = \left\{\bar{\dot{\Omega}}_{abs}(varilla\right\}_{123} =$$

$$= \frac{d}{dt}\{\bar{\Omega}_{abs}(varilla)\}_{123} + \{\bar{\Omega}_{abs}(123)x\bar{\Omega}_{abs}(varilla)\}_{123}$$

$$\left\{\bar{\dot{\Omega}}_e\right\}_{123} = \frac{d}{dt}\begin{bmatrix} 0 \\ 0 \\ \dot{\psi} \end{bmatrix}_{123} + \begin{bmatrix} 0 \\ 0 \\ \dot{\psi} \end{bmatrix}_{123} x \begin{bmatrix} 0 \\ 0 \\ \dot{\psi} \end{bmatrix}_{123} = \begin{bmatrix} 0 \\ 0 \\ \ddot{\psi}=cte \end{bmatrix}_{123} = \begin{bmatrix} 0 \\ 0 \\ 0 \end{bmatrix}_{123}$$

Al final,

$$\{\bar{\mathcal{F}}_e\}_{123} = -M\left(\begin{bmatrix} 0 \\ 0 \\ 0 \end{bmatrix}_{123} + \begin{bmatrix} 0 \\ 0 \\ 0 \end{bmatrix}_{123} x \begin{bmatrix} s \\ 0 \\ 0 \end{bmatrix}_{123} + \begin{bmatrix} 0 \\ 0 \\ \dot{\psi} \end{bmatrix}_{123} x \begin{bmatrix} 0 \\ 0 \\ \dot{\psi} \end{bmatrix}_{123} x \begin{bmatrix} s \\ 0 \\ 0 \end{bmatrix}_{123}\right) = -M\begin{bmatrix} -s\dot{\psi}^2 \\ 0 \\ 0 \end{bmatrix}_{123}$$

$$\{\bar{\mathcal{F}}_{cor}\}_{123} = -M\left(2\begin{bmatrix} 0 \\ 0 \\ \dot{\psi} \end{bmatrix}_{123} x \begin{bmatrix} \dot{s} \\ 0 \\ 0 \end{bmatrix}_{123}\right) = -M\begin{bmatrix} 0 \\ 2\dot{s}\dot{\psi} \\ 0 \end{bmatrix}_{123}$$

Al final, la segunda ley de Newton queda:

$$\begin{bmatrix} 0 \\ 0 \\ -Mg \end{bmatrix}_{123} + \begin{bmatrix} 0 \\ F_2 \\ F_3 \end{bmatrix}_{123} - M \begin{bmatrix} -s\dot{\psi}^2 \\ 0 \\ 0 \end{bmatrix}_{123} - M \begin{bmatrix} 0 \\ 2\dot{s}\dot{\psi} \\ 0 \end{bmatrix}_{123} = M \begin{bmatrix} \ddot{s} \\ 0 \\ 0 \end{bmatrix}_{123}$$

De nuevo, tres ecuaciones con tres incógnitas.

4. Geometría de masas

4.1. Introducción

Como ya se ha comentado en el capítulo anterior, la Dinámica tiene por objeto relacionar el movimiento y las causas que lo producen. También en este capítulo se ha comenzado a ilustrar esta parte de la Mecánica mediante su aplicación a una partícula. Sin embargo, para pasar del movimiento de una partícula a un sólido, habrá que considerar cómo influye la distribución de masa del mismo (formas, distancias, densidades de los diferentes elementos que lo compongan...).

Haciendo alusión a ejemplos conocidos, se sabe que no cuesta lo mismo hacer girar un huevo duro que uno crudo, ni tampoco es lo mismo hacer girar una varilla respecto a su centro o respecto a su extremo.

Para el estudio dinámico del sólido rígido, son necesarios dos elementos auxiliares: el primero, para modelizar la traslación, será el centro de masas o punto promedio de la distribución de la masa, que a partir de este momento se denotará con la letra G mayúscula; el segundo, para modelizar la rotación que es más compleja matemáticamente, será el tensor de inercia que representa la distribución de la masa respecto a un punto y unos ejes seleccionados.

La importancia de este tema se pone de manifiesto en el diseño de múltiples máquinas y mecanismos (formas aligeradas en muchas piezas, equilibrado de ejes y formas dadas a un cigüeñal, diseño de volantes de inercia, etc.)

En este capítulo, y en base al espíritu del libro, en el que se busca proporcionar al lector una colección de problemas resueltos sin pretender ser un texto teórico excepto en solo lo básico, se abordará la forma de trabajo cualitativo con ambos conceptos, y solo se darán pequeñas pinceladas de cómo calcular el centro de masas y el tensor de inercia.

4.2. Centro de masas: concepto e importancia

En centro de masas es el punto promedio de distribución de la masa del sólido. Como se ha explicado en la introducción se denota con G, y será un punto perteneciente al sólido que se traslada según la resultante de las acciones presentes.

Para un sistema discreto de partículas, el cálculo de la ubicación del centro de masas se rige por la siguiente expresión vectorial:

$$\bar{r}_{CM} = \frac{\sum_i m_i \bar{r}_i}{\sum_i m_i} = \frac{1}{M} \sum_i m_i \bar{r}_i$$

Si se extendiese esta expresión a un sólido, sería necesario integrar,

$$\bar{r}_{CM} = \frac{\int \bar{r}\, dm}{\int dm} = \frac{1}{M} \int \bar{r}\, dm$$

En sólidos de densidad homogénea, el centro de masas se encontrará sobre los planos de simetría del cuerpo. Obsérvese que G puede quedar en una zona «hueca» del cuerpo (como en una rosquilla) pero pertenece al sólido rígido y se podrán aplicar las expresiones cinemáticas ya conocidas.

Existen diferentes herramientas y métodos para la determinación de G, tanto numéricas (a partir de integración o mediante algoritmos o CAD) y experimentales (suspensión por hilos, con báscula, etc.).

En este apartado, se van a presentar dos métodos de cálculo que se ilustrarán con pequeños ejemplos. Se recuerda que el objetivo de este libro no es profundizar en el cálculo de la geometría de masas de un sólido, ya que se presupone como dato conocido en la resolución de los problemas complejos de dinámica que se presentan.

El primer método que se presenta es el atribuido a Pappus y Guldin quienes enunciaron dos teoremas.

Primero. El área A, de la superficie de revolución generada mediante la rotación de una curva plana alrededor de un eje externo a tal curva, es igual a su longitud L, multiplicada por la distancia $2\pi d$ recorrida por su centroide en una rotación completa alrededor de dicho eje.

$$A_{generada} = 2\pi d_G \cdot L_{\substack{curva \\ que\ gira}} \qquad siendo\ d\ la\ distancia\ del\ centroide\ al\ eje\ de\ giro$$

Segundo. El volumen V, de un sólido de revolución generado mediante la rotación de un área plana alrededor de un eje externo, es igual al producto del área A, por la distancia $2\pi d$ recorrida por su centroide en una rotación completa alrededor del eje.

$$V_{generado} = 2\pi d_G \cdot A_{\substack{superficie \\ que\ gira}} \qquad siendo\ d\ la\ distancia\ del\ centroide\ al\ eje\ de\ giro$$

Ejemplo de aplicación: Calcular el centro de gravedad de un cuarto de círculo.

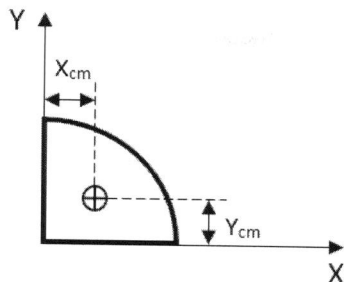

FIGURA 4.1. Cuadrante de círculo

Se trata de una superficie plana, en la que para determinar su centro de gravedad será necesario situarlo con respecto a dos direcciones (X e Y)

Además, al tratarse de una superficie plana, su revolución en torno a un eje, dará lugar a un volumen. En concreto, para esta figura, tanto con la revolución en torno a X como en torno a Y, se obtendrá una semiesfera.

Es decir, se deberá aplicar el segundo teorema de Pappus Guldin.

Para calcular la posición en X del centro de masas, en primer lugar se deberá elegir el eje en dirección Y en torno al que va a rotar la figura. En este caso, el eje elegido será uno vertical que coincide con el propio eje coordenado Y, por lo que la distancia entre el centro de gravedad y el eje de giro será X_{cm} marcada en la figura

Conocido el volumen de una esfera $\frac{4\pi R^3}{3}$, se tendrá que el volumen de una semiesfera es $\frac{2\pi R^3}{3}$. Además, el área de un cuarto de circulo es $\frac{\pi R^2}{4}$, entonces al aplicar el teorema quedará:

$$V_{generado} = 2\pi d \cdot A_{\substack{superficie \\ que\ gira}}$$

$$\frac{2\pi R^3}{3} = 2\pi X_{cm} \frac{\pi R^2}{4}$$

Por tanto,

$$X_{cm} = \frac{4R}{3\pi}$$

Dada la simetría de la figura plana, se puede concluir que la distancia Y_{cm} tomará el mismo valor que la de X_{cm}. En caso de aplicar de nuevo el teorema de Pappus, bastaría ahora pasar el eje de rotación coincidente con el eje coordenado X y repetir el cálculo

$$Y_{cm} = \frac{4R}{3\pi}$$

El segundo método que se presenta en este libro es el de descomposición en sólidos elementales de los que se conoce su centro de gravedad, bien por tratarse de piezas simétricas, o bien por tratarse de figuras simples de las que se pueden consultar tablas en un prontuario. En este caso, se aplica la expresión general vista al comienzo de este apartado, para cada una de las coordenadas, de tal manera que:

$$X_{CM} = \frac{\sum_i m_i X_i}{M}; \quad Y_{CM} = \frac{\sum_i m_i Y_i}{M}; \quad Z_{CM} = \frac{\sum_i m_i Z_i}{M}$$

Ejemplo de aplicación: Calcular el centro de gravedad de la figura.

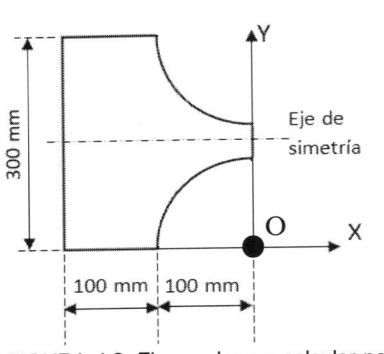

Se trata de una superficie plana, en la que de nuevo, para determinar su centro de gravedad será necesario situarlo con respecto a dos direcciones (X e Y).

Al tratarse de una pieza simétrica con respecto al eje punteado de la figura, y suponiendo una densidad uniforme en toda la figura, se sabe que el centro de gravedad estará sobre esta línea. Es decir, que

$$Y_{CM} = 150 \, mm$$

FIGURA 4.2. Figura plana a calcular por composición de sólidos

respecto al eje coordenado Y de la figura.

Para calcular X_{CM}, se procederá a descomponer en sólidos elementales, buscando para cada uno de ellos su centro de gravedad.

La descomposición es la que se muestra en el siguiente esquema, de tal manera que el centro de gravedad de un rectángulo es bien conocido y está en el centro del mismo, mientras que para el cuarto de circunferencia, se pueden usar los datos obtenidos en el ejemplo anterior.

El lector verá que para este cálculo, se pueden utilizar «masas negativas» cuando el sólido objeto de estudio tenga «huecos». De la misma forma, es importante ser coherente y referenciar los diferentes elementos respecto a un mismo punto para la operación.

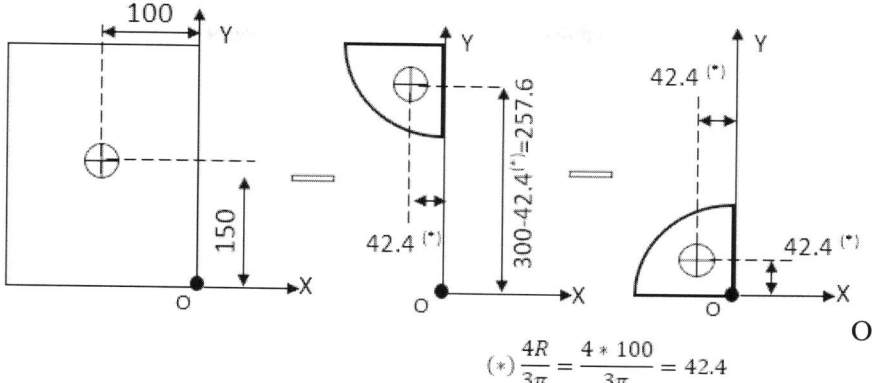

$$(*) \frac{4R}{3\pi} = \frac{4*100}{3\pi} = 42.4$$

FIGURA 4.3. Resultado de la composición de sólidos

Masa para el rectángulo: $\rho x 300 x 200 = 60000\rho$ (siendo ρ la densidad)

Masa para el cuarto de circunferencia: $\rho \pi 100^2/4 = 7.854\rho$

$$X_{CM} = \frac{\sum_i m_i X_i}{M} =$$

$$= \frac{60000\rho \cdot (-100) + (-7854\rho) \cdot (-42.4) + (-7854\rho) \cdot (-42.4)}{60000\rho + (-7.854\rho) + (-7.854\rho)} =$$

$$= -120.4 \, mm$$

Obsérvese que para calcular la coordenada X_{CM}, siempre se ha utilizado como referencia el mismo punto O.

Sugerencia de trabajo. Realizar este mismo cálculo para la coordenada Y_{CM}, y comprobar que cae sobre la línea de simetría de figura.

4.3. Tensor de inercia: componentes y significado

La expresión del tensor de inercia es mucho más compleja. El tensor de inercia es un tensor simétrico de segundo orden que caracteriza la inercia rotacional de un sólido rígido, es decir, el comportamiento del sólido frente al giro.

Proviene del cálculo del vector momento cinético del sólido, y también se relaciona por otra parte, con la energía cinética de rotación del sólido.

$$[\bar{\bar{I}}_P]_{XYZ} = \begin{bmatrix} I_{xx} & I_{xy} & I_{xz} \\ I_{xy} & I_{yy} & I_{yz} \\ I_{xz} & I_{yz} & I_{zz} \end{bmatrix}_{XYZ}$$

Expresado en una base del espacio viene dado por una matriz simétrica, tal que dicho tensor contiene los momentos de inercia según los tres ejes en la diagonal y otros tres términos, los productos de inercia, fuera de la diagonal.

Según la figura, el tensor en A y según los ejes XYZ, el tensor se definirá como sigue a continuación:

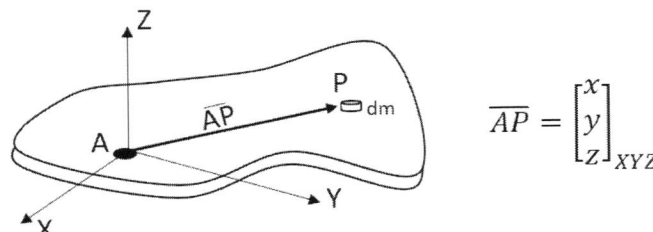

FIGURA 4.4. Vector de posición del *dm* en P desde A

$$[\bar{\bar{I}}_A]_{XYZ} = \begin{bmatrix} \int_S (y^2 + z^2)dm & -\int_S (x \cdot y)dm & -\int_S (x \cdot z)dm \\ -\int_S (x \cdot y)dm & \int_S (x^2 + z^2)dm & -\int_S (y \cdot z)dm \\ -\int_S (x \cdot z)dm & -\int_S (y \cdot z)dm & \int_S (x^2 + y^2)dm \end{bmatrix}_{XYZ}$$

Los momentos de inercia, serán iguales o mayores que cero por ser términos de suma de cuadrados, y cada uno representa lo que le cuesta al sólido girar en torno a cada uno de los respectivos ejes, pasando estos por el punto A elegido para representar el tensor.

Los productos de inercia, que se encuentran fuera de la diagonal, por su definición pueden ser mayores, menores o iguales a cero. Señalan las asimetrías en la distribución de masa, y su existencia provoca la aparición de «irregularidades» en el giro, como la presencia de momentos en los apoyos de un rotor.

Las unidades de cada uno de los elementos de la matriz serán Kg·m².

Por tanto, dado que la resistencia a girar de un sólido dependerá de cómo está distribuida su masa, y del punto y de los ejes en torno a los cuales esté girando, el tensor en general, será distinto si se cambia de punto, si se cambia de ejes, o si cambian ambas cosas a la vez.

En el caso particular de un sólido plano, supóngase éste en el plano XY, la coordenada Z será nula para todos los puntos del sólido, por lo que varios elementos de la matriz se harán cero:

$$[\bar{\bar{I}}_A]_{XYZ} = \begin{bmatrix} \int_S (y^2)dm & -\int_S (x \cdot y)dm & 0 \\ -\int_S (x \cdot y)dm & \int_S (x^2)dm & 0 \\ 0 & 0 & \int_S (x^2 + y^2)dm \end{bmatrix}_{XYZ}$$

por lo que el tensor, de manera simplificada, pasa a tener la forma:

$$[\bar{\bar{I}}_A]_{XYZ} = \begin{bmatrix} I_{xx} & I_{xy} & 0 \\ I_{xy} & I_{yy} & 0 \\ 0 & 0 & I_{xx} + I_{yy} \end{bmatrix}_{XYZ}$$

Se muestra un ejemplo con dos figuras sencillas, un semicírculo y un cuarto de círculo

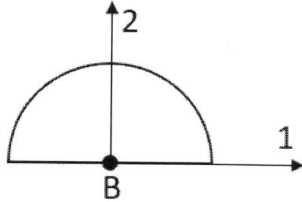

FIGURA 4.5. Medio círculo

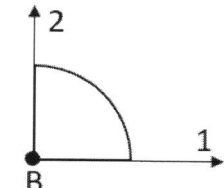

FIGURA 4.6. Cuarto de círculo

$$[\bar{\bar{I}}_B]_{123} = \begin{bmatrix} I & 0 & 0 \\ 0 & I & 0 \\ 0 & 0 & 2I \end{bmatrix}_{123}$$

$$[\bar{\bar{I}}_B]_{123} = \begin{bmatrix} I & -A & 0 \\ -A & I & 0 \\ 0 & 0 & 2I \end{bmatrix}_{123}$$

El término I_{12} informa acerca de la «simetría» en la distribución de masa, supuesto sólido homogéneo de densidad constante. Un valor nulo señalará la igualdad en la distribución respecto a los cuadrantes (como en el caso del semicírculo), mientras que un término distinto de cero marcará la asimetría (cuarto de círculo). Primer y tercer cuadrante contribuyen con signo (-), mientras que segundo y cuarto son positivos (+).

Como se ha indicado al principio del capítulo, no es objeto de este texto el detallar como se calculan las componentes de un tensor de inercia, pero si se van a enumerar aquí las diferentes maneras de obtenerlo:

- integración directa,
- tablas en la bibliografía,
- descomposición de sólidos elementales,
- aprovechando simetrías, por cuanto pueden verse términos nulos,
- herramientas CAD,
- experimentalmente (midiendo aceleración angular o periodo de oscilación de un sólido alrededor de un punto fijo).

4.4. Teorema de Steiner o de los ejes paralelos

En la resolución de problemas podría ser necesario utilizar el tensor de inercia en un punto determinado, cuando el tensor ha sido facilitado en otro punto diferente. Para poder pasar un tensor de un punto a otro se utilizará el Teorema de Steiner, teniendo en cuenta que este teorema permite el paso de un tensor desde G (centro de gravedad) hasta otro punto del sólido manteniéndose los ejes paralelos. Es por ello, que a este teorema, también se le denomina «de los ejes paralelos».

La forma simplificada para 2D se suele ver en Física General. En este libro, se incluye la expresión general de tres dimensiones.

$$\left[\bar{\bar{I}}_B\right]_{123} = \left[\bar{\bar{I}}_G\right]_{123} + m\left[\overline{BG}^T \cdot \overline{BG}\left[\bar{\bar{1}}\right] - \overline{BG} \cdot \overline{BG}^T\right]_{123}$$

donde $\left[\bar{\bar{1}}\right]$ es la matriz identidad.

Obsérvese que en la expresión, para pasar el tensor a B, se debe utilizar siempre el tensor en G y no en otro punto. Además, si se quisiera pasar el tensor de B a G, no valdría con intercambiar los subíndices en la expresión, sino que el tensor de G en este caso se obtendría por resta:

$$\left[\bar{\bar{I}}_G\right]_{123} = \left[\bar{\bar{I}}_B\right]_{123} - m\left[\overline{BG}^T \cdot \overline{BG}\left[\bar{\bar{1}}\right] - \overline{BG} \cdot \overline{BG}^T\right]_{123}$$

Por tanto, para pasar un tensor de un punto a otro, por ejemplo, de B a P, siempre se deberá pasar por G. Es decir, de B a G, y de G a P.

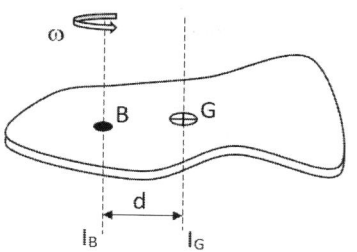

Como es lógico, el tensor de inercia es mayor en un punto distinto del punto promedio de la masa del sólido, creciendo con un factor «+md²» como se puede comprobar en la expresión utilizada en 2D:

FIGURA 4.7. Aplicación del teorema de Steiner

$$I_B = I_G + md^2$$

Un tensor dado también se puede expresar en ejes diferentes. Para ello bastará multiplicar el tensor por las matrices de cambio de base correspondientes, pero no se utilizará en este texto.

4.5. Direcciones principales de inercia y rotores

Tal y como se estudia en las matemáticas, una matriz simétrica y definida positiva, es diagonalizable, de tal manera que todos los elementos de la matriz serán nulos, a excepción de los que aparecen en la diagonal, que serán los *valores propios* de la matriz.

Esto supone que en cualquier punto y para cualquier sólido, es posible encontrar tres direcciones principales de inercia (aquellas en las que los productos de inercia son nulos), llevando la matriz tensor de inercia de su forma general a una forma diagonal respecto a unos ejes que vienen marcados por los vectores propios asociados a los valores propios mencionados.

$$[\bar{\bar{I}}_A]_{123} = \begin{bmatrix} I_{11} & I_{12} & I_{13} \\ I_{12} & I_{22} & I_{23} \\ I_{13} & I_{23} & I_{33} \end{bmatrix}_{123} \rightarrow [\bar{\bar{I}}_A^*]_{1^*2^*3^*} = \begin{bmatrix} I_1^* & 0 & 0 \\ 0 & I_2^* & 0 \\ 0 & 0 & I_3^* \end{bmatrix}_{1^*2^*3^*}$$

Los valores propios obtenidos al diagonalizar la matriz serán I_1^*, I_2^* y I_3^*, y las tres direcciones determinadas en la diagonalización, formarán la nueva base $1^*2^*3^*$ de direcciones principales de inercia (DPI), por tener sus productos de inercia de valor nulo. Adicionalmente, si el tensor estuviera calculado en el centro de gravedad G del sólido, estas direcciones principales, pasaría a denominarse direcciones centrales de inercia.

Pueden darse dos casos particulares de interés:

a) Que dos valores propios sean iguales. Entonces existe un subespacio vectorial de dimensión dos, es decir, un plano, donde todas las direcciones son DPI. Se habla de un *rotor simétrico* con dirección singular, siendo esta última la que tiene un valor propio diferente a los otros dos. Las figuras más sencillas que cumplen esta condición de rotor simétrico son un círculo plano según un eje perpendicular al mismo pasando por su centro, ya que lógicamente gira de la misma forma respecto a cualquier dirección contenida en el plano del propio círculo (ver figura 4.8), un cilindro según su eje de revolución, pero también y ya no es tan evidente, un cuadrado según un eje perpendicular a la figura pasando por su centro.

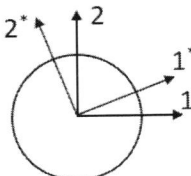

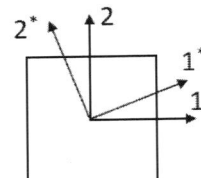

Eje 3 y eje 3* (pasando por el centro y perpendiculares al plano del círculo) coinciden en las dos bases

Eje 3 y eje 3* (pasando por el centro y perpendiculares al plano del cuadrado) coinciden en las dos bases

FIGURA 4.8. Ejemplo de rotor simétrico

Se cumpliría, tanto para el círculo como para el cuadrado que,

$$\left[\bar{\bar{I}}_{Centro}\right]_{123} = \begin{bmatrix} I & 0 & 0 \\ 0 & I & 0 \\ 0 & 0 & I^* \end{bmatrix}_{123} = \left[\bar{\bar{I}}_{Centro}\right]_{1^*2^*3^*} = \begin{bmatrix} I & 0 & 0 \\ 0 & I & 0 \\ 0 & 0 & I^* \end{bmatrix}_{1^*2^*3^*}$$

b) Que los tres valores propios sean iguales. En este caso el subespacio vectorial de dimensión tres, asociado a este valor propio es el espacio vectorial R^3. Se habla entonces de un rotor esférico, y el tensor es invariante en el punto en el que se está trabajando. Ejemplos habituales son una esfera en su centro, al igual que un cubo en su centro, nuevamente de forma intuitiva. Se cumpliría, tanto para la esfera como para que cubo, donde este fenómeno ya no es tan obvio, que,

$$\left[\bar{\bar{I}}_{Centro}\right]_{123} = \begin{bmatrix} I & 0 & 0 \\ 0 & I & 0 \\ 0 & 0 & I \end{bmatrix}_{123} = \left[\bar{\bar{I}}_{Centro}\right]_{1^*2^*3^*} = \begin{bmatrix} I & 0 & 0 \\ 0 & I & 0 \\ 0 & 0 & I \end{bmatrix}_{1^*2^*3^*}$$

5. Teoremas vectoriales

5.1. Introducción

En este capítulo se van a presentar las herramientas de la Dinámica Vectorial. Estas herramientas no son sino los dos teoremas vectoriales:
- Teorema de la Cantidad de Movimiento (TCM)
- Teorema del Momento Cinético (TMC).

El primero dará explicación al movimiento de traslación del sólido como si toda su masa estuviera concentrada en el centro de gravedad de dicho sólido, mientras que el segundo relacionará la rotación con sus causas, estudiando el cambio de orientación desde una referencia traslacional asociada a un punto concreto perteneciente al sólido objeto de estudio.

Al aplicar los teoremas se dispondrá de seis ecuaciones, tres por teorema, dado que se está trabajando con magnitudes vectoriales con tres componentes cada una.

Como se ha visto en el capítulo de dinámica de la partícula, esta situación no deja de ser un caso particular, en el que solo se tienen tres ecuaciones al aplicar la segunda ley de Newton, puesto que la partícula no cambia de orientación.

Existe otra situación singular, la de movimiento plano, en la que solo se obtienen tres ecuaciones. Dos de ellas harán referencia al movimiento de traslación en el plano, definido este por dos direcciones, y una tercera, correspondiente a la rotación, que se da en una única dirección, la perpendicular al plano de movimiento.

Se aplicarán los teoremas en su forma diferencial, para obtener la caracterización del movimiento (o sus causas) así como las acciones de enlace en cada instante. Existen otras versiones en forma de conservación (antes y después de un suceso) o percusivas, no abordadas en este texto.

Como se explicó anteriormente, en un problema se tendrán como incógnitas todas las acciones de enlace entre sólidos, y las ecuaciones del movimiento del sistema mecánico (sea una partícula, un sólido único, o una cadena cinemática). Estas ecuaciones del movimiento que son incógnita se corresponden con cada uno de los grados de libertad de dicho sistema, siempre y cuando dicho movimiento no esté prefijado y sea conocido. Cuando el movimiento se esté planteando como dato, la incógnita pasará a ser el causante del mismo, por ejemplo, el par motor necesario para mantener una velocidad angular constante.

5.2. Vectores cantidad de movimiento y momento cinético

El vector cantidad de movimiento para un sólido rígido, extensión de la definición para una partícula, se designa con la letra mayúscula D, y su expresión matemática es como sigue:

$$\overline{D}_{abs} = m\bar{v}_{abs}(G)$$

Esta expresión es la que se corresponde con la utilizada en Física General, cuando se trabaja con una partícula, donde dicho vector queda expresado usualmente como $\bar{p} = m\bar{v}$. Obsérvese, que para calcular el vector de cantidad de movimiento, por las propiedades del centro de masas G, siempre se concentra la masa del sólido en el centro de gravedad del mismo, y por tanto, la velocidad a tener en cuenta en el cálculo, es la de G, centro de gravedad.

En cuanto a su interpretación, lo que está indicando esta expresión es que el sólido se comporta como una partícula con toda su masa concentrada en su centro de gravedad, y que por tanto, la traslación del sólido, equivale a la traslación de G (sería como observar el movimiento del sólido desde un lugar alejado, nos parecería un punto). Será siempre preciso conocer el movimiento de cada centro de masas (pero no determinar su posición).

El vector momento cinético para una partícula es el momento respecto a un punto del vector cantidad de movimiento.

$$\overline{L} = \bar{r}x\bar{p} = \bar{r}x(m\bar{v})$$

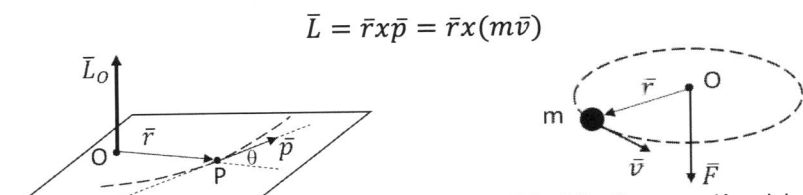

FIGURA 5.1. Momento cinético: momento del vector cantidad de movimiento respecto a un punto

FIGURA 5.2. Conservación del momento angular, la partícula girará más rápidamente al tirar del hilo.

El vector momento cinético, o vector momento angular extendido a un sólido, se denota con la letra mayúscula H y tendrá la forma matemática:

$$\lfloor \overline{H}(B) \rfloor_{RTB} = \int_S \overline{BP}x\bar{v}_{RTB}(P)dm$$

Si se trabaja con el tensor de inercia del sólido en un punto B concreto del mismo, la expresión se simplifica gracias a sus propiedades y queda:

$$[\bar{H}(B)]_{RTB} = \bar{\bar{I}}_B \bar{\Omega}_{abs}(sólido)$$

Este concepto, se puede ilustrar con el clásico ejemplo del patinador en la pista de hielo que gira sobre sí mismo. Mientras no haya momentos exteriores, cuando el patinador acerca sus brazos al cuerpo, es decir, la masa se acerca al eje de giro, la rotación del mismo se acelera (debido a la conservación del momento angular).

5.3. Teorema de la cantidad de movimiento

El teorema de la cantidad de movimiento analiza la variación del vector cantidad de movimiento en un sólido rígido. La justificación a la expresión indicada se tiene en la literatura a partir de la segunda ley de Newton, que, en este texto, se formulará sólo en referencias inerciales. Entonces, el teorema de la cantidad de movimiento, de ahora en adelante TCM queda de la siguiente manera:

$$\sum_{sólido} \bar{F}_{ext}(P) = m\bar{\gamma}_{abs}(G)$$

Es decir, las fuerzas exteriores al sistema o sólido, con independencia del punto de aplicación, provocan cambios en el movimiento del centro de gravedad G del sólido. Las fuerzas interiores al sistema no tienen efecto global sobre el sistema, ya que se anularán por acción-reacción. El TCM se aplica siempre en G, centro de masas. En caso de aplicar el teorema a un sistema mecánico en su conjunto (un vehículo por ejemplo), también cumplirá que la resultante de las acciones externas modificará el movimiento del centro de masas del sistema.

5.4. Teorema del momento cinético

Al igual que se ha analizado la variación del vector cantidad de movimiento D, se estudia la variación del vector del momento cinético H y se puede demostrar que es igual a la expresión siguiente.

$$\bar{H}_B = \sum_{sólido} \bar{M}_{ext}(B) - \overline{BG}x(m\bar{\gamma}_{abs}(B))$$

El teorema del momento cinético se denotará de ahora en adelante como TMC. En el caso de este teorema, se podrá a aplicar a cualquier punto del sólido, sin necesidad de que sea precisamente su centro de gravedad.

Como se ha visto en ocasiones anteriores con otras expresiones, de la general, se pueden dar casos particulares.

Si se aplica el TMC en el centro de gravedad G, el último término de la expresión se hace cero, independientemente de que G tenga aceleración distinta de cero

$$-\overline{BG}x\big(m\bar{\gamma}_{abs}(B)\big) \rightarrow -\overline{GG}x\big(m\bar{\gamma}_{abs}(G)\big) = \bar{0}x\big(m\bar{\gamma}_{abs}(G)\big)$$

y por tanto:

$$\bar{H}_G = \sum_{sólido} \bar{M}_{ext}(G)$$

Si se aplica el TMC en un punto fijo, el último término de la expresión se hace cero, ya que la aceleración de este punto es nula

$$-\overline{BG}x\big(m\bar{\gamma}_{abs}(B)\big) \rightarrow -\overline{OG}x\big(m\bar{\gamma}_{abs}(O)\big) = \overline{OG}x(m\bar{0})$$

y de nuevo:

$$\bar{H}_O = \sum_{sólido} \bar{M}_{ext}(O)$$

En cuanto a la derivada del vector cantidad de movimiento, será necesario tener varios aspectos en cuenta. El primero de ellos, es que por lo general, se trabajará en una base móvil, lo que implica tener en cuenta el término de Bour al derivar:

$$\left\{\dot{\bar{H}}_B\right\}_{base} = \left\{\left[\left.\frac{d}{dt}\bar{H}_B\right|_{RTB}\right]_{base}\right\} = \frac{d}{dt}\{\bar{H}_B\}_{base} + \{\bar{\Omega}_{RTB=abs}(base)x\bar{H}_B\}_{base}$$

Obsérvese que la velocidad angular de los ejes en una referencia traslacional con B es equivalente a la absoluta puesto que no gira respecto al suelo según su definición. Es fundamental que el punto B pertenezca al sólido.

Pero, además, al ser el vector $\overline{H}_B$ el resultado del producto del tensor de inercia $\overline{\overline{I}}_B$ por la velocidad angular absoluta del sólido $\overline{\Omega}_{abs}(sólido)$, la derivada se complica si tanto el tensor como la velocidad angular son variables con el tiempo. En el caso del tensor, si los ejes se mueven respecto al sólido, estaría cambiando la distribución de la masa respecto a dichos ejes, y por tanto, las componentes del tensor variarían con el tiempo, es decir, derivada no nula.

La manera de simplificar los cálculos sería entonces que se cumpliera que alguno de estos dos términos fuera constante. Es evidente que la velocidad angular del sólido no lo será casi nunca, por lo que se procurará trabajar con tensores que permanezcan invariables en el tiempo.

Un tensor de inercia de un sólido respecto a un punto de ese sólido permanece constante cuando va expresado en unos ejes que son solidarios a dicho sólido. Por tanto, la recomendación en este texto para trabajar los problemas en los que se utiliza el TMC, es escoger unos ejes de proyección solidarios a cada sólido de la cadena cinemática. No serán unos ejes generales para la resolución del problema completo, sino que cada sólido se trabajará en sus propios ejes. De esta manera, queda asegurado que el tensor de inercia para ese sólido permanece constante.

Se vuelven a tener casos particulares con algunos sólidos singulares.

El primero de ellos, es trabajar sólidos en los que su masa se considera despreciable. En este caso, el tensor de inercia es nulo, por lo que también lo serán, tanto el vector $\overline{H}_B$ como su derivada $\dot{\overline{H}}_B$.

La segunda excepcionalidad se encuentra cuando los sólidos a los que se les está aplicando el teorema son rotor esférico, o rotor simétrico.

Según la definición de rotor esférico, el tensor en un punto concreto no varía independientemente de los ejes que se escojan, siempre y cuando se esté trabajando el sólido en ese punto.

$$\left[\overline{\overline{I}}_B\right]_{XYZ} = \left[\overline{\overline{I}}_B\right]_{123} = \left[\overline{\overline{I}}_B\right]_{1'2'3'} = \cdots$$

Según la definición de rotor simétrico, el tensor en un punto concreto y según unos ejes concretos de los cuales uno de ellos es dirección particular, se mantendrá constante siempre y cuando se elijan otros ejes en los que la dirección particular no varíe.

$$\left[\overline{\overline{I}}_B\right]_{\substack{XYZ \\ con\ direccion \\ particulas\ Y}} = \left[\overline{\overline{I}}_B\right]_{\substack{123 \\ si\ 2=Y}} = \left[\overline{\overline{I}}_B\right]_{\substack{1'2'3' \\ si\ 2'=2=Y}} = \cdots$$

y de manera análoga en las otras dos direcciones.

Estas particularidades de un sólido rotor simétrico o rotor esférico implican que en dicho sólido no sea necesario trabajar en sus ejes solidarios, sino que valdrán todas aquellas bases en las que se vaya manteniendo constante el tensor de inercia lo que simplificará los cálculos en sistemas de varios sólidos.

5.5 Sistemática para la resolución de problemas

Los problemas en los que se aplican los teoremas vectoriales para su resolución, engloban la totalidad de conceptos vistos en este libro, y resultan largos y complejos si no se hace de una manera ordenada. Es por ello, que en este capítulo, y en este apartado concreto, se sugiere una metodología de trabajo, que posteriormente se pondrá en práctica con el problema ejemplo.

Los pasos a seguir, serían los siguientes:

Paso previo: configurar la cadena de bases y seleccionar ejes de proyección para cada uno de los sólidos, teniendo en cuenta ahora la geometría de masas (sólidos con o sin masa, presencia de sólidos rotores simétricos o esféricos o no).

Paso 1: análisis cinemático, que a su vez tiene dos partes.

La primera es establecer un conjunto de coordenadas y velocidades generalizadas, y resolver la cinemática del sistema para encontrar las ecuaciones de enlace y los grados de libertad del sistema. Cada uno de estos grados de libertad dará lugar a una ecuación del movimiento que será una incógnita a contabilizar. En caso de que la ecuación del movimiento sea dato del problema, el actuador que da lugar a esa ecuación del movimiento, pasará a ser la incógnita. Para ello, puede recurrirse a toda la sistemática vista en el volumen precedente, «*Problemas resueltos de Mecánica para ingenieros: Cinemática*»

La segunda será calcular la aceleración absoluta de los centros de masas de todos los sólidos con masa (para el TCM) y la velocidad angular absoluta de todos los sólidos con masa (para el TMC).

Paso 2: analizar todas las acciones verdaderas sobre cada sólido, es decir, activas y pasivas. Para ello, se construirá una tabla similar a la vista en el capítulo 2 de fuerza pasivas, pero incorporando una fila más, la correspondiente a las acciones activas. Todas las fuerzas distintas de cero que aparezcan en los torsores de enlace, serán incógnitas.

Paso 3: hacer balance de ecuaciones e incógnitas. Se va a disponer de seis ecuaciones por cada sólido (tres de la aplicación del TCM y otras tres de la aplicación de TMC). Las incógnitas, como se ha dicho antes, serán tantas como fuerzas de enlace distintas de cero en los torsores y adicionalmente tantas como grados de libertad tiene el problema.

Paso 4: aplicar el TCM a cada sólido del sistema, siempre en el centro de masas.

Paso 5: aplicar el TMC a cada sólido del sistema, siempre en el punto que se considere más conveniente en función del tensor de inercia del sólido, y en ejes solidarios al sólido excepto cuando se den particularidades que permitan hacer el cálculo en otra base.

Paso 6: analizar el modelo matemático conformado por el sistema de ecuaciones y obtener las incógnitas buscadas.

Nota: la resolución de los sistemas de ecuaciones puede conllevar métodos numéricos o matemáticos no considerados en este libro de problemas de Mecánica.

5.6. Problema ejemplo

Para el riego de grandes extensiones son habituales sistemas mecánicos que giren alrededor de un pivote, como el mostrado en la fotografía. Se modela simplifi-

cadamente este conjunto mecánico que está en movimiento, y se considera formado por un disco de masa y espesor despreciable, y un gran chasis que gira respecto al suelo en torno a Q, mediante un casquillo sin retención axial. El motor, de par constante T_m conocido que acciona el dispositivo está anclado al chasis en C e impulsa el disco con una velocidad angular $\dot{\varphi}$.

FIGURA 5.3. Sistema de riego [1]

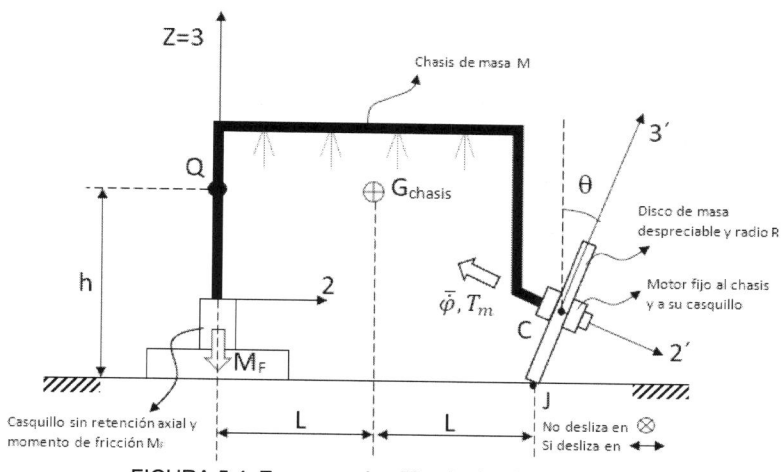

FIGURA 5.4. Esquema simplificado de sistema de riego

Supóngase que debido al rozamiento existe un momento de fricción adicional sobre el chasis de valor M_F (acción externa cuyo valor es conocido), que dificulta el giro del mismo. Se considera el chasis como único sólido con masa M y tensor de inercia en G de componentes conocidas:

$$\left[\bar{\bar{I}}_G\right]_{123} \begin{bmatrix} I_1 & 0 & -A \\ 0 & I_2 & 0 \\ -A & 0 & I_3 \end{bmatrix}_{123}$$

Determinar, usando los Teoremas Vectoriales, el modelo matemático de simulación del movimiento del sistema que permitiría conocer la ecuación o ecuaciones del movimiento del sistema, así como las acciones de enlace en el casquillo del motor (punto C entre el chasis y el disco).

Paso previo: configurar la cadena de bases y seleccionar ejes de proyección para cada uno de los sólidos

$\bar{X}\bar{Y}\bar{Z}$	$(+)\psi$	$\overline{1}\overline{2}\overline{3}$	$(+)\theta = cte$	$\overline{1'}\overline{2'}\overline{3'}$	$(-)\varphi$	$\overline{1''}\,\overline{2''}\,\overline{3''}$
Suelo	$\rightarrow$	Chasis	$\rightarrow$	Inclinación rueda	$\rightarrow$	Rueda
Base fija	Z=3	Base móvil	1=1′	Base móvil	2′=2′′	Base móvil

De los sólidos que se tienen en el problema:

El chasis tiene masa, y no se indica que sea rotor simétrico o esférico, por lo que habrá que trabajar este sólido en sus ejes solidarios: $\overline{1}\overline{2}\overline{3}$.

El disco tiene espesor y masa despreciable, por lo que cualesquiera de los ejes de proyección son válidos para este sólido.

Paso 1: análisis cinemático, que a su vez tiene dos partes.

a) Coordenadas y velocidades generalizadas, ecuaciones de enlace y grados de libertad.

Como hasta ahora, se deberá orientar y situar cada uno de los sólidos del sistema intentando hacerlo con el mínimo número de parámetros para simplificar la búsqueda de las ecuaciones de enlace.

Sólido	CHASIS	RUEDA
Situar con	Q, G, C Todos pertenecen al chasis. Se tomará Q por ser punto fijo.	C, J El disco se sitúa a través de Q aplicando sólido-rígido al chasis (J situación particular)
Orientar con	ψ	ψ, φ

Tomando ahora de la tabla anterior el mínimo número de parámetros que sitúan y orientan todo el sistema mecánico se tiene:

Coordenadas generalizadas: $q = \psi, \varphi$

Velocidades generalizadas: $\dot{q} = \dot{\psi}, \dot{\varphi}$

En este caso se tiene una rodadura sin deslizamiento que dará lugar a ecuaciones de enlace. Se cumplirá que:

$$[\bar{v}_{abs}(J)]_{suelo} = [\bar{v}_{abs}(J)]_{disco}$$

Como el suelo es fijo, se cumple que

$$\bar{v}_{abs}(J) = \bar{0}$$

Y por tanto ya se conoce la velocidad de uno de los puntos de la base. Se podrá aplicar entonces la cinemática del sólido rígido tal que

$$\bar{v}_{abs}(J) = \bar{0} = \bar{v}_{abs}(C) + \bar{\Omega}_{abs}(disco)x\overline{CJ} \text{ con } C, J\epsilon \ disco$$

Además, aplicando de la misma manera las expresiones de sólido rígido al chasis se tiene que

$$\bar{v}_{abs}(C) = \bar{v}_{abs}(Q) + \bar{\Omega}_{abs}(chasis)x\overline{QC} \text{ con } C, Q\epsilon \ chasis$$

donde la velocidad absoluta de Q es nula, y por tanto

$$\bar{0} = \bar{\Omega}_{abs}(chasis)x\overline{QC} + \bar{\Omega}_{abs}(disco)x\overline{CJ}$$

En este paso del problema, no es necesario trabajar en unos ejes concretos, por lo que se elegirán los más sencillos para proyectar y operar, en este caso, $\overline{1}\overline{2}\overline{3}$.

$$\{\bar{\Omega}_{abs}(chasis)\}_{123} = \begin{bmatrix} 0 \\ 0 \\ \dot{\psi} \end{bmatrix}_{123}$$

$$\{\overline{QC}\}_{123} = \begin{bmatrix} 0 \\ 2L + Rsen\theta \\ -(h - \dfrac{R}{cos\theta}) \end{bmatrix}_{123}$$

$$\{\overline{\Omega}_{abs}(disco)\}_{123} = \begin{bmatrix} 0 \\ -\dot{\varphi}cos\theta \\ \dot{\psi} + \dot{\varphi}sen\theta \end{bmatrix}_{123}$$

$$\{\overline{CJ}\}_{123} = \begin{bmatrix} 0 \\ -Rsen\theta \\ -Rcos\theta \end{bmatrix}_{123}$$

Operando se obtiene que

$$\{\overline{v}_{abs}(J)\}_{123} = \begin{bmatrix} 0 \\ 0 \\ 0 \end{bmatrix}_{123} = \begin{bmatrix} -\dot{\psi}(2L + Rsen\theta) + \dot{\varphi}R + \dot{\psi}Rsen\theta \\ 0 \\ 0 \end{bmatrix}_{123}$$

por lo que se obtiene una única ecuación de enlace con la expresión:

$$\dot{\varphi} = \dot{\psi}\frac{2L}{R}$$

Al tener dos velocidades generalizadas, y una sola ecuación de enlace, se concluye que el sistema mecánico tiene un solo grado de libertad, y se necesita un único actuador o motor en el disco, para que a través de la rodadura sin deslizamiento, haga girar al chasis.

    b)   Aceleración absoluta de los centros de masas de todos los sólidos con masa y la velocidad angular absoluta de todos los sólidos con masa.

El único sólido con masa es el chasis, que ya se ha indicado que se debe trabajar en sus ejes solidarios $\overline{123}$. Se calculará por tanto la aceleración absoluta de su centro de gravedad en estos ejes, mediante la derivación de su velocidad absoluta.

$$\bar{v}_{abs}(G) = \bar{v}_{abs}(Q) + \overline{\Omega}_{abs}(chasis)x\overline{QG} \text{ con } Q, G \epsilon \text{ } chasis$$

$$\{\overline{v}_{abs}(G)\}_{123} = \begin{bmatrix} 0 \\ 0 \\ 0 \end{bmatrix}_{123} + \begin{bmatrix} 0 \\ 0 \\ \dot{\psi} \end{bmatrix}_{123} x \begin{bmatrix} 0 \\ L \\ 0 \end{bmatrix}_{123} = \begin{bmatrix} -\dot{\psi}L \\ 0 \\ 0 \end{bmatrix}_{123}$$

$$\{\overline{\gamma}_{abs}(G)\}_{123} = \frac{d}{dt}\{\overline{v}_{abs}(G)\}_{123} + \{\overline{\Omega}_{abs}(123)x\overline{v}_{abs}(G)\}_{123}$$

$$\{\bar{\gamma}_{abs}(G)\}_{123} = \frac{d}{dt}\begin{bmatrix} -\dot{\psi}L \\ 0 \\ 0 \end{bmatrix}_{123} + \begin{bmatrix} 0 \\ 0 \\ \dot{\psi} \end{bmatrix}_{123} x \begin{bmatrix} -\dot{\psi}L \\ 0 \\ 0 \end{bmatrix}_{123} = \begin{bmatrix} -\ddot{\psi}L \\ -\dot{\psi}^2 L \\ 0 \end{bmatrix}_{123}$$

La velocidad angular de este sólido será:

$$\{\bar{\Omega}_{abs}(chasis)\}_{123} = \begin{bmatrix} 0 \\ 0 \\ \dot{\psi} \end{bmatrix}_{123}$$

Paso 2: analizar todas las acciones verdaderas sobre cada sólido, es decir, activas y pasivas.

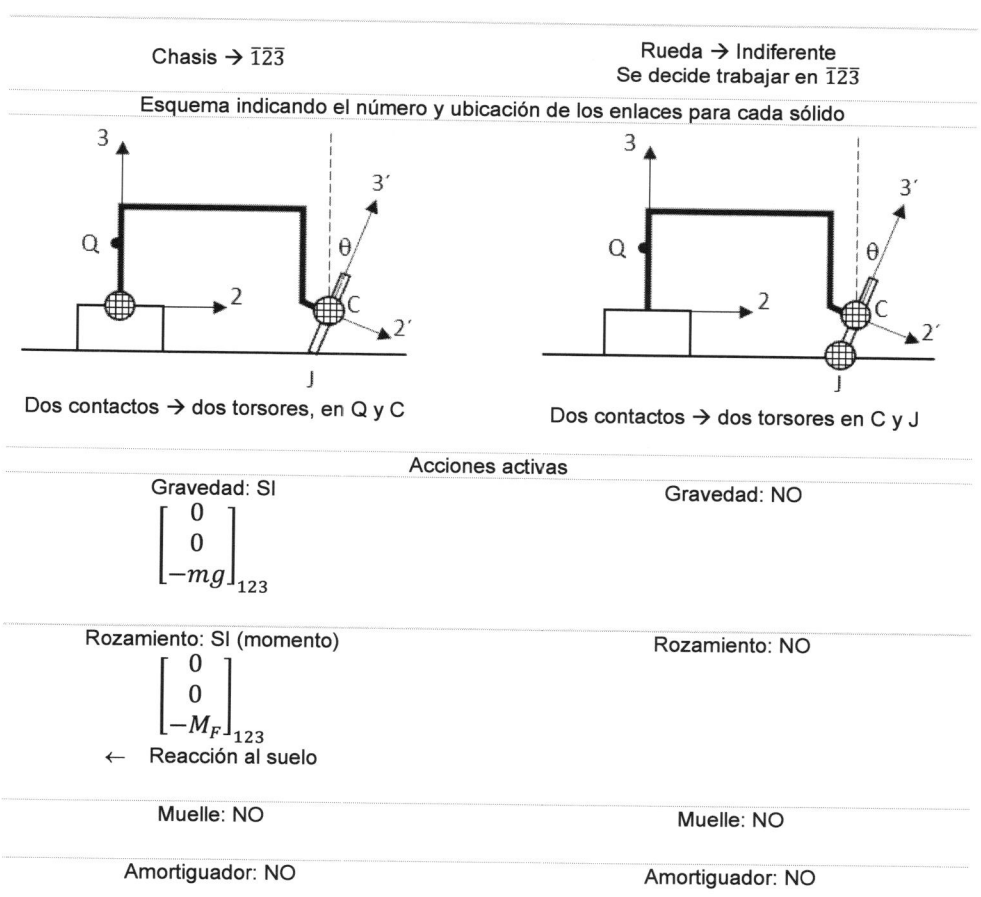

Chasis → $\bar{1}\bar{2}\bar{3}$	Rueda → Indiferente Se decide trabajar en $\bar{1}\bar{2}\bar{3}$
Esquema indicando el número y ubicación de los enlaces para cada sólido	
Dos contactos → dos torsores, en Q y C	Dos contactos → dos torsores en C y J
Acciones activas	
Gravedad: SI $\begin{bmatrix} 0 \\ 0 \\ -mg \end{bmatrix}_{123}$	Gravedad: NO
Rozamiento: SI (momento) $\begin{bmatrix} 0 \\ 0 \\ -M_F \end{bmatrix}_{123}$ ← Reacción al suelo	Rozamiento: NO
Muelle: NO	Muelle: NO
Amortiguador: NO	Amortiguador: NO

Motor: SI (la acción del motor en la rueda)	↔	Motor: SI (la reacción del motor al chasis)
$$\begin{bmatrix} 0 \\ T_m cos\theta \\ -T_m sen\theta \end{bmatrix}_{123}$$		$$\begin{bmatrix} 0 \\ -T_m cos\theta \\ T_m sen\theta \end{bmatrix}_{123}$$
Cilindro hidráulico: NO		Cilindro hidráulico: NO

Acciones pasivas

Torsor en Q chasis-suelo: Desaparecen todos los demás sólidos y se analiza el contacto como si los sólidos descartados no existieran.	Torsor en J disco-suelo: Desaparecen todos los demás sólidos y se analiza el contacto como si los sólidos descartados no existieran.

Se analiza el movimiento en los ejes $\overline{123}$, que además son los solidarios al chasis.
Según las direcciones $\overline{123}$, el chasis no puede desplazarse respecto al suelo en ninguna de ellas a excepción de en 3 por haber casquillo sin retención axial → Fuerzas distintas de cero, excepto fuerza en 3.
Según las direcciones $\overline{123}$, el chasis solo puede girar según la dirección 3 respecto al suelo → momento en dirección 3 nulo, y los otros dos distintos de cero.

Se da una condición de deslizamiento según el eje 2, por lo que se configurará el torsor en estos ejes, por sencillez.
No existe deslizamiento en 1 y 3 → Fuerzas distintas de cero. Si existe deslizamiento en 2 → Fuerza en 2 nula
Al ser un contacto puntual, los momentos son iguales a cero en las tres direcciones.

$$\{J(Q)\}_{123} = \left[\begin{bmatrix} F_1 \\ F_2 \\ 0 \end{bmatrix} ; \begin{bmatrix} M_1 \\ M_2 \\ 0 \end{bmatrix}\right]_{123}$$

← La reacción de este torsor va al suelo

$$\{J(J)\}_{123} = \left[\begin{bmatrix} F'_1 \\ 0 \\ F'_3 \end{bmatrix} ; \begin{bmatrix} 0 \\ 0 \\ 0 \end{bmatrix}\right]_{123}$$

La reacción de este torsor va al suelo →

Torsor en C chasis-disco: Desaparecen todos los demás sólidos y se analiza el contacto como si los sólidos descartados no existieran.
Se analiza el movimiento en $\overline{1'2'3'}$, ya que es más sencillo de configurar el torsor.
Según las direcciones $\overline{1'2'3'}$, la rueda no puede desplazarse respecto al chasis en ninguna de ellas → Las tres fuerzas distintas de cero, y distintas de las anteriores.
Según las direcciones $\overline{1'2'3'}$, la rueda solo puede girar según la dirección 2´ respecto al chasis→ momento en dirección 2´ nulo, y los otros dos distintos de cero, y distintos de los anteriores

Este torsor pasa directamente por acción-reacción

$$\{J(C)\}_{1'2'3'} = \left[\begin{bmatrix} F''_1 \\ F''_2 \\ F''_3 \end{bmatrix} ; \begin{bmatrix} M''_1 \\ 0 \\ M''_3 \end{bmatrix}\right]_{1'2'3'}$$

$$\{J(C)\}_{1'2'3'} = \left[\begin{bmatrix} -F''_1 \\ -F''_2 \\ -F''_3 \end{bmatrix} ; \begin{bmatrix} -M''_1 \\ 0 \\ -M''_3 \end{bmatrix}\right]_{1'2'3'}$$

La reacción de este torsor va a la rueda
Dado que para el chasis se está trabajando en $\overline{1}2\overline{3}$, es necesario proyectar este torsor

$\leftrightarrow$

La reacción de este torsor va al chasis
Dado que para el disco se está trabajando en $\overline{1}2\overline{3}$, es necesario proyectar este torsor

$$\{J(C)\}_{123} = \left[\begin{bmatrix} F''_1 \\ F''_2 cos\theta + F''_3 sen\theta \\ -F''_2 sen\theta + F''_3 cos\theta \end{bmatrix} ; \begin{bmatrix} M''_1 \\ M''_3 sen\theta \\ M''_3 cos\theta \end{bmatrix}\right]_{12\overline{3}}$$

$$\{J(C)\}_{123} = \left[\begin{bmatrix} -F''_1 \\ -F''_2 cos\theta - F''_3 sen\theta \\ F''_2 sen\theta - F''_3 cos\theta \end{bmatrix} ; \begin{bmatrix} -M''_1 \\ -M''_3 sen\theta \\ -M''_3 cos\theta \end{bmatrix}\right]_{123}$$

Paso 3: hacer balance de ecuaciones e incógnitas.

Once incógnitas del problema debidas a enlace: F_1, F_2, M_1, M_2, F'_1, F'_3, F''_1, F''_2, F''_3, M''_1, M''_3

Una incógnita del problema debida a grados de libertad. Dado que es conocida la ecuación del movimiento $\dot{\varphi} = cte$, el par motor T_m asociado a esa ecuación de enlace pasa a ser la incógnita, precisamente el dato por el que nos pregunta el problema.

En total doce incógnitas a resolver mediante sistema de doce ecuaciones (2 sólidos x 2 teoremas x 3 componentes)

Paso 4: aplicar el TCM a cada sólido del sistema, siempre en el centro de masas.

$$\sum_{s\acute{o}lido} \bar{F}_{ext}(P) = m\bar{\gamma}_{abs}(G)$$

Para el chasis

$$\begin{bmatrix} 0 \\ 0 \\ -mg \end{bmatrix}_{123} + \begin{bmatrix} F_1 \\ F_2 \\ 0 \end{bmatrix}_{123} + \begin{bmatrix} F''_1 \\ F''_2 cos\theta + F''_3 sen\theta \\ -F''_2 sen\theta + F''_3 cos\theta \end{bmatrix}_{123} = M \begin{bmatrix} -\ddot{\psi}L \\ -\dot{\psi}^2 L \\ 0 \end{bmatrix}_{123}$$

Para la rueda

$$\begin{bmatrix} F'_1 \\ 0 \\ F'_3 \end{bmatrix}_{123} + \begin{bmatrix} -F''_1 \\ -F''_2\cos\theta - F''_3 sen\theta \\ F''_2 sen\theta - F''_3\cos\theta \end{bmatrix}_{123} = \bar{0}$$

Paso 5: aplicar el TMC a cada sólido del sistema.

$$\dot{\bar{H}}_B = \sum\nolimits_{sólido} \bar{M}_{ext}(B) - \overline{BG}x(m\bar{\gamma}_{abs}(B))$$

Para el chasis, y aplicando momentos en G (punto en el que se facilita el tensor)

$$\dot{\bar{H}}_G = \sum\nolimits_{sólido} \bar{M}_{ext}(G) - \overline{GG}x(m\bar{\gamma}_{abs}(G))$$

$$\frac{d}{dt}\left\{[\bar{\bar{I}}_G]_{123}\bar{\Omega}_{abs}(chasis)\right\}_{123} + \left\{\bar{\Omega}_{abs}(123)x\left([\bar{\bar{I}}_G]_{123}\bar{\Omega}_{abs}(chasis)\right)\right\}_{123} =$$
$$= \sum\nolimits_{sólido} \bar{M}_{ext}(G)$$

$$\frac{d}{dt}\left(\begin{bmatrix} I_1 & 0 & -A \\ 0 & I_2 & 0 \\ -A & 0 & I_3 \end{bmatrix}_{123}\begin{bmatrix} 0 \\ 0 \\ \dot{\psi} \end{bmatrix}_{123}\right) + \begin{bmatrix} 0 \\ 0 \\ \dot{\psi} \end{bmatrix}_{123} x \left(\begin{bmatrix} I_1 & 0 & -A \\ 0 & I_2 & 0 \\ -A & 0 & I_3 \end{bmatrix}_{123}\begin{bmatrix} 0 \\ 0 \\ \dot{\psi} \end{bmatrix}_{123}\right) =$$
$$= \sum\nolimits_{sólido} \bar{M}_{ext}(G)$$

$$\frac{d}{dt}\begin{bmatrix} -A\dot{\psi} \\ 0 \\ I_3\dot{\psi} \end{bmatrix}_{123} + \begin{bmatrix} 0 \\ 0 \\ \dot{\psi} \end{bmatrix}_{123} x \begin{bmatrix} -A\dot{\psi} \\ 0 \\ I_3\dot{\psi} \end{bmatrix}_{123} = \begin{bmatrix} -A\ddot{\psi} \\ -A\dot{\psi}^2 \\ I_3\ddot{\psi} \end{bmatrix}_{123} = \sum\nolimits_{sólido} \bar{M}_{ext}(G)$$

siendo $\sum_{sólido}\bar{M}_{ext}(G)$ el siguiente sumatorio en el que, además de los momentos, se debe tener en cuenta que las fuerzas en Q y C provocan momento en G:

$$\begin{bmatrix} 0 \\ 0 \\ -M_F \end{bmatrix}_{123} + \begin{bmatrix} 0 \\ T_m\cos\theta \\ -T_m sen\theta \end{bmatrix}_{123} + \begin{bmatrix} M_1 \\ M_2 \\ 0 \end{bmatrix}_{123} + \overline{GQ}x\begin{bmatrix} F_1 \\ F_2 \\ 0 \end{bmatrix}_{123} + \begin{bmatrix} M''_1 \\ M''_3 sen\theta \\ M''_3\cos\theta \end{bmatrix}_{123} +$$

$$+\overline{GC}x\begin{bmatrix} F''_1 \\ F''_2 cos\theta + F''_3 sen\theta \\ -F''_2 sen\theta + F''_3 cos\theta \end{bmatrix}_{123}$$

con $\{\overline{GQ}\}_{123} = \begin{bmatrix} 0 \\ -L \\ 0 \end{bmatrix}_{123}$ y $\{\overline{GC}\}_{123} = \begin{bmatrix} 0 \\ L + Rsen\theta \\ -(h - \frac{R}{cos\theta}) \end{bmatrix}_{123}$

Para el disco, y aplicando momentos en C (se escoge un punto sencillo, dado que en este caso el sólido tiene masa despreciable)

$$\overline{0} = \sum_{sólido} \overline{M}_{ext}(C)$$

Por tanto, y teniendo en cuenta los momentos y que las fuerzas en J provocan momento en C,

$$\begin{bmatrix} 0 \\ -T_m cos\theta \\ T_m sen\theta \end{bmatrix}_{123} + \begin{bmatrix} 0 \\ 0 \\ 0 \end{bmatrix}_{123} + \overline{CJ}x\begin{bmatrix} F'_1 \\ 0 \\ F'_3 \end{bmatrix}_{123} + \begin{bmatrix} -M''_1 \\ -M''_3 sen\theta \\ -M''_3 cos\theta \end{bmatrix}_{123} = \overline{0}$$

con $\{\overline{CJ}\}_{123} = \begin{bmatrix} 0 \\ -Rcos\theta \\ -Rsen\theta \end{bmatrix}_{123}$

Paso 6: analizar el modelo matemático conformado por el sistema de ecuaciones.

Bastaría ahora realizar todos los productos vectoriales, operar y plantear el sistema de doce ecuaciones con doce incógnitas.

Las incógnitas concretas que nos cuestiona el problema serían la ecuación del movimiento y las acciones de enlace F''_1, F''_2, F''_3, M''_1 y M''_3.

6. Teorema de la energía

6.1. Introducción

En este último capítulo se va a presentar otra forma muy extendida de análisis de sistemas mecánicos a partir de las magnitudes escalares de Energía y Trabajo, que dan lugar a una rama de la mecánica denominada Mecánica Analítica.

Existen muchas formas de análisis a partir de la energía y el trabajo, como son el Teorema de los Trabajos (o Potencias) Virtuales, las Ecuaciones de Lagrange o el Principio de Hamilton.

En este caso, en lugar de plantear la resolución de un sistema múltiple de ecuaciones diferenciales para obtener al tiempo todas las incógnitas del problema, se selecciona la incógnita deseada y se trabaja para su determinación, repitiendo el proceso con cada una de las soluciones buscadas. Aunque más laborioso, también disfruta de la ventaja de centrarse en la resolución de un único objetivo, por lo que en muchos casos es un procedimiento más rápido. En contraposición a esta rapidez, son métodos menos intuitivos, puesto que la energía no es "visible" en forma gráfica como una fuerza, por ello resultan en primera instancia menos atractivos. En este texto sólo se van a plantear modelos 2D y con un único grado de libertad.

6.2. Energía cinética. Cálculo para un sólido rígido

Para introducir el concepto se va a trabajar inicialmente con una partícula. Se define la energía cinética de una partícula, en una referencia Galileana, como

$$T_{ABS} = \frac{1}{2} m_p \cdot \bar{v}_{ABS}^2(P)$$

siendo

$$\bar{v}_{ABS}^2(P) = \bar{v}_{ABS}(P) \cdot \bar{v}_{ABS}(P) \text{ producto escalar.}$$

El valor T_{ABS} indica la capacidad que tiene P para moverse en la referencia, y se mide en Julios (sistema internacional).

Obsérvese que en esta expresión el producto es escalar, y da como resultado una magnitud escalar, que por tanto, es independiente de la base de proyección utilizada.

Si se extiende la expresión al sólido rígido, ya no solamente se tendrá un término referido a traslación, sino que aparecerá uno nuevo, que hace referencia a la rotación del sólido.

A partir del concepto de referencia traslacional en un punto del sólido, y aprovechando la definición de tensor de inercia, la expresión general para calcular la energía cinética de un sólido rígido queda:

$$T_{ABS} = \frac{1}{2} m_S \cdot \bar{v}_{ABS}^2(B) + \frac{1}{2}\overline{\Omega}_S^T \cdot \bar{\bar{I}}_B \cdot \overline{\Omega}_s + m_S \cdot \bar{v}_{ABS}(B)\bar{v}_{RTG}(G)$$

siendo

$$\bar{v}_{RTG}(G) = \bar{v}_{ABS}(G) - \bar{v}_{ABS}(B)$$

En esta expresión, si se trabaja siempre con el centro de gravedad G del sólido, o si se trabaja con un punto fijo de ese mismo sólido, el último término de la expresión general se anula, simplificándose el proceso de cálculo a la hora de resolver problemas. Por tanto, se cumplirá para el primer caso que

$$T_{ABS} = \frac{1}{2} m_S \cdot \bar{v}_{ABS}^2(G) + \frac{1}{2}\overline{\Omega}_S^T \cdot \bar{\bar{I}}_G \cdot \overline{\Omega}_s$$

y para el segundo

$$T_{ABS} = \frac{1}{2}\overline{\Omega}_S^T \cdot \bar{\bar{I}}_O \cdot \overline{\Omega}_s$$

Obteniéndose en cualquiera de los dos casos el mismo resultado escalar para la energía cinética.

En el caso de tener que calcular la energía cinética de un conjunto de sólidos de un sistema mecánico, esta será la suma de las energías cinéticas de cada uno de ellos.

$$T_{ABS} = \sum_{i=1}^{n} T_i$$

6.3. Trabajo de una fuerza

El trabajo elemental producido sobre una partícula P por un conjunto de fuerzas, en el intervalo de tiempo dt, y donde la partícula se ha desplazado $d\bar{r}(P)$, se puede escribir como:

$$dW = \left[\sum_P \bar{F}(P)\right] \cdot d\bar{r}(P)$$

De nuevo se trabaja con productos escalares, que dan lugar a una magnitud escalar que se mide en Julios. Nótese que, al tratarse de producto escalar entre fuerza y desplazamiento, cuando estos son perpendiculares, el trabajo es nulo.

6.4. Presentación del teorema de la energía

Llegados a este punto, se puede introducir que para una partícula, la variación de la energía de P, es igual al trabajo producido por todas las fuerzas verdaderas actuantes sobre P:

$$dT = dW = \left[\sum_P \bar{F}(P)\right] \cdot d\bar{r}(P)$$

Otra forma clásica de expresar la igualdad anterior, es tomar dos posiciones, una inicial y otra final, tal que,

$$\Delta T = T_{final} - T_{inicial} = \int_{inicial}^{final} \left[\sum_P \bar{F}(P)\right] \cdot d\bar{r}(P)$$

En el caso de extender el teorema a la situación de un sólido rígido, debe apreciarse, no solo el movimiento de traslación de su centro de gravedad, sino también la rotación del mismo, y escrito en su forma diferencial se llega a

$$\frac{dT}{dt} = \frac{dW}{dt} = \sum_S [\bar{F}(P) \cdot \bar{v}_{ABS}(P)] + \sum_S [\bar{M}_S \cdot \bar{\Omega}_S]$$

Ahora, las unidades ya no serán Julios, ya que al estar derivando el trabajo y la energía respecto al tiempo, se obtiene potencia medida en vatios.

Además, dado que se necesitará derivar la energía que depende de la velocidad de traslación de G y de la de rotación del sólido, de la masa y del tensor de inercia, se deberá considerar que el tensor de inercia escogido para realizar el cálculo debe ser constante (se sobreentiende que la masa ya lo es).

Téngase en cuenta, que la fuerzas que producen potencia serán aquellas acciones verdaderas activas, ya vistas en el capítulo 1: gravedad, muelles, amortiguadores, rozamiento, fuerzas exteriores y accionamientos como motores o cilindros hidráulicos. Serán tenidas en cuenta tanto las acciones que recaen en el sólido «uno», como las reacciones que recaen en el sólido «dos». Las acciones verdaderas pasivas en modelos sin acciones debidas al rozamiento con deslizamiento, no producen potencia, porque estas se anulan por acción-reacción.

Con lo visto hasta aquí sobre este teorema, al trabajar con magnitudes escalares, solo se tendrá una ecuación en la referencia absoluta por lo que el problema debe estar planteado con una sola incógnita. Esta será, o bien la ecuación del movimiento, o bien el accionamiento necesario para un movimiento predefinido. Esto implica, que los problemas ejemplo que se presentan en este texto van a tener un único grado de libertad, siendo necesario definir el movimiento con todas las ecuaciones de enlace que sean necesarias. Además, los problemas resueltos que se detallan en el libro, se trabajarán solo con movimiento plano.

6.5. Energía potencial y energía mecánica. Sistemas conservativos

Es habitual la presencia de fuerzas donde el trabajo realizado es independiente de la trayectoria seguida, dependiendo sólo de la posición inicial y final. Así sucede, por ejemplo, con la atracción gravitatoria. En estos casos, además, a lo largo de la trayectoria cerrada el trabajo producido será nulo.

$$\oint \left[\sum_P \bar{F}_U(P) \right] \cdot d\bar{r}(P) = 0$$

Para estas fuerzas se define la denominada energía potencial de la siguiente forma:

$$\Delta U = - \int_{1}^{2} \left[\sum_{P} \bar{F}_U(P) \right] \cdot d\bar{r}(P)$$

Las fuerzas conservativas absorben o ceden energía al sistema. El signo negativo es básico para la definición, puesto que así se puede formular la definición de Energía Mecánica como suma de la energía cinética más la energía potencial.

A partir de esta definición, se puede escribir el teorema de la Energía en forma diferencial como sigue:

$$\frac{d}{dt}(T + U) = \frac{dW_{noU}}{dt} = \sum_{S} [\bar{F}_{noU}(P) \cdot \bar{v}_{ABS}(P)] + \sum_{S} [\bar{M}_S \cdot \bar{\Omega}_S]$$

En este texto se han considerado fuerzas derivadas de potencial y por lo tanto, se puede formular con ellas la energía potencial: la atracción gravitatoria y los muelles (nunca los amortiguadores, que son disipativos).

En el caso de la atracción gravitatoria, y a partir de un valor de referencia establecido se tendrá que

$$U_g = U_0 \pm mgh$$

El signo positivo se aplicará cuando el cuerpo está por encima del nivel indicado, y el negativo cuando está por debajo. Se toma respecto a G, centro de masas.

En el caso de la energía potencial elástica de un muelle:

$$U_k = \frac{1}{2} k(\rho - \rho_0)^2$$

siempre tomando como referencia la longitud distendida del muelle, y no la de reposo o inicial del sistema, por cuanto puede estar en equilibrio con otras acciones presentes.

Con estos conceptos ya definidos, se puede definir un sistema conservativo. Se dice que un sistema es conservativo cuando todas sus fuerzas presentes derivan de potencial. En ese caso teórico se estaría en presencia de la conservación de la energía mecánica, transformándose la cinética en potencial y viceversa. En la realidad esta situación es imposible dado que siempre existirán elementos disipativos o pérdidas, como las que se tienen por la existencia de rozamiento. Esto lleva a la imposibilidad del llamado móvil perpetuo de primera especie.

6.6. Problema ejemplo

En el siguiente problema, además de ilustrar la aplicación del teorema de la energía, se propone una metodología a seguir para este tipo de problemas.

La figura muestra un sistema de poleas sujeto al techo del que pende un bloque de masa M.

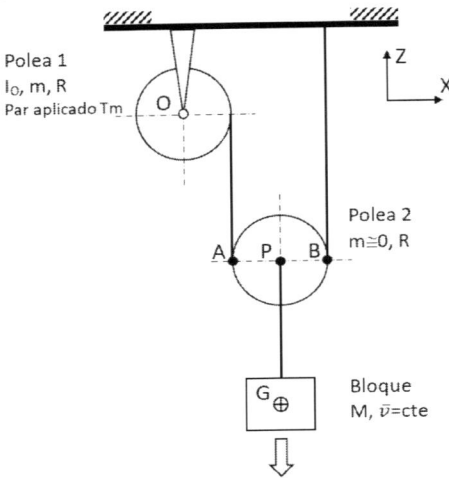

El bloque desciende con velocidad conocida v=cte.

Ambas poleas tienen radio R, sin embargo, solo tiene masa m una de ellas, la polea 1, cuyo momento de inercia es I_O.

Además, sobre la polea 1 se tiene aplicado un par motor T_m de valor desconocido.

En el problema se pide calcular, aplicando el Teorema de la Energía, el valor del par motor para que efectivamente, el bloque descienda con velocidad constante.

FIGURA 6.1. Sistema de poleas y bloque

Paso previo: resolver la cinemática de movimiento plano, estableciendo las coordenadas y velocidades generalizadas, las ecuaciones de enlace y los grados de libertad.

En este caso, se tienen dos poleas y un bloque.

Sólido	POLEA 1	POLEA 2	BLOQUE
Situar con	O Punto fijo	P Punto móvil, que solo se desplaza en la vertical. Se situará con P.	G, P Cualquiera de los dos es válido, ya que P se mantiene siempre a la misma distancia de G, y justo en la vertical.
Orientar con	φ_1	φ_2	--

Coordenadas generalizadas: $q = \varphi_1, \varphi_2, z_P$
Velocidades generalizadas: $\dot{q} = \dot{\varphi}_1, \dot{\varphi}_2, \dot{z}_P = v$

Dado que se tienen poleas en las que los cables no deslizan respecto a las ruedas (podemos imaginar correas «dentadas» por ejemplo), aparecerán ecuaciones de enlace. Se van a resolver por medio de la definición de CIR en cada una de ellas. Se recuerda que el CIR cumple que su velocidad es nula en un instante determinado (es una posición particular).

Además, se ha presupuesto el sentido de giro de cada una de las poleas en función de la velocidad de descenso conocida del bloque.

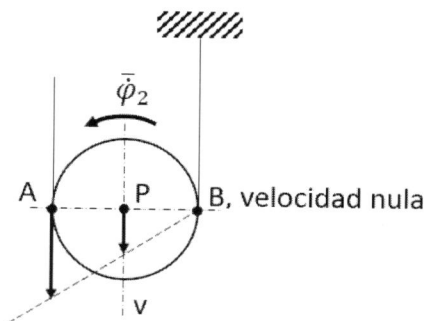

FIGURA 6.2. Polea intermedia (polea 2)

$$\frac{v(P)}{R} = \frac{v(A)}{2R} \rightarrow v(A) = 2v(P) = 2v$$

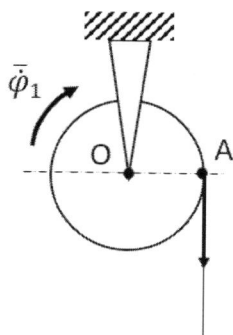

FIGURA 6.3. Polea sujeta al techo (polea 1)

$$v(A) = \dot{\varphi}_1 R$$

Por tanto, $2v = \dot{\varphi}_1 R$ (primera ecuación de enlace).
Aplicando la cinemática del sólido-rígido en la polea 2:

$$\bar{v}_{abs}(A) = \bar{v}_{abs}(B) + \bar{\Omega}_{abs}(polea2)x\overline{BA} \text{ con } B, A\epsilon \ polea2$$

$$\{\bar{v}_{abs}(A)\}_{XYZ} = \begin{bmatrix} 0 \\ 0 \\ -2v \end{bmatrix}_{XYZ} = \begin{bmatrix} 0 \\ 0 \\ 0 \end{bmatrix}_{XYZ} + \begin{bmatrix} 0 \\ -\dot{\varphi}_2 \\ 0 \end{bmatrix}_{XYZ} x \begin{bmatrix} -2R \\ 0 \\ 0 \end{bmatrix}_{XYZ} = \begin{bmatrix} 0 \\ 0 \\ -2\dot{\varphi}_2 R \end{bmatrix}_{XYZ}$$

Así, $v = -\dot{\varphi}_2 R$ (segunda ecuación de enlace).

Al tener tres velocidades generalizadas, y dos ecuaciones de enlace, se concluye que el sistema mecánico tiene un solo grado de libertad, y se necesita un único actuador o motor en la polea 1, para conseguir el que bloque baje con velocidad constante.

Paso 1. Cálculo de la energía cinética del sistema. Para ello se deben identificar todos los sólidos con masa, y ver si su centro de masas se traslada, si el sólido como tal gira, o ambas cosas a la vez.

Sólido	Masa	¿Tiene su centro de gravedad velocidad absoluta no nula?	¿Tiene el sólido velocidad angular absoluta no nula?
Polea 1	Masa = m	No, el centro de gravedad coincide con O, que es fijo	Si, $\{\bar{\Omega}_{abs}(polea1)\}_{XYZ}$
Polea 2	Masa =0	Si, el centro de gravedad coincide con P que tiene $\{\bar{v}_{abs}(P)\}_{XYZ}$, pero el sólido no tiene masa	Si, $\{\bar{\Omega}_{abs}(polea2)\}_{XYZ}$, pero el sólido no tiene masa
Bloque	Masa=M	Si, el centro de gravedad G tiene $\{\bar{v}_{abs}(G)\}_{XYZ}$	No, solo se traslada

Cálculo de las velocidades y velocidades angulares señaladas en la tabla:

$$\{\bar{v}_{abs}(P)\}_{XYZ} = \begin{bmatrix} 0 \\ 0 \\ -v \end{bmatrix}_{XYZ}$$

$$\{\bar{v}_{abs}(G)\}_{XYZ} = \begin{bmatrix} 0 \\ 0 \\ -v \end{bmatrix}_{XYZ}$$

$$\{\bar{\Omega}_{abs}(polea1)\}_{XYZ} = \begin{bmatrix} 0 \\ \dot{\varphi}_1 \\ 0 \end{bmatrix}_{XYZ} = \begin{bmatrix} 0 \\ \dfrac{2v}{R} \\ 0 \end{bmatrix}_{XYZ}$$

$$\{\bar{\Omega}_{abs}(polea2)\}_{XYZ} = \begin{bmatrix} 0 \\ -\dot{\varphi}_2 \\ 0 \end{bmatrix}_{XYZ} = \begin{bmatrix} 0 \\ -\dfrac{v}{R} \\ 0 \end{bmatrix}_{XYZ}$$

Para el cálculo de la energía cinética, se deberá aplicar la expresión para cada uno de los sólidos del sistema que tienen masa, en este caso, polea 1 y bloque.

$$T_{ABS} = \frac{1}{2} m_S \cdot \bar{v}_{ABS}^2(G) + \frac{1}{2} \bar{\Omega}_S^T \cdot \bar{\bar{I}}_G \cdot \bar{\Omega}_S$$

$$T_{ABS} = T_{ABS-polea1} + T_{ABS-bloque}$$

$$T_{ABS} = \frac{1}{2} \begin{bmatrix} 0 & \dfrac{2v}{R} & 0 \end{bmatrix}_{XYZ} \begin{bmatrix} - & - & - \\ - & I_O & - \\ - & - & - \end{bmatrix} \begin{bmatrix} 0 \\ \dfrac{2v}{R} \\ 0 \end{bmatrix}_{XYZ} + \frac{1}{2} m \cdot \begin{bmatrix} 0 \\ 0 \\ -v \end{bmatrix}_{XYZ} \begin{bmatrix} 0 \\ 0 \\ -v \end{bmatrix}_{XYZ} = v^2 \left(\frac{2I_O}{R^2} + 2m \right)$$

Paso 2. Cálculo de la potencia del sistema, debida a las acciones que producen potencia. En este caso se deberán encontrar todos aquellos puntos que se trasladan con velocidad distinta de cero y que tienen aplicada una fuerza, y los sólidos con momento aplicado y que además giran.

Es importante tener en cuenta, que todas las acciones verdaderas activas tienen acción y reacción, por lo que las reacciones también deben ser evaluadas.

Puntos con velocidad no nula	Fuerza aplicada	Solidos con rotación	Par aplicado
P: $\{\bar{v}_{abs}(P)\}_{XYZ}$	--	Polea 1: $\{\bar{\Omega}_{abs}(polea1)\}_{XYZ}$	Tm
G: $\{\bar{v}_{abs}(G)\}_{XYZ}$	Gravedad: Mg	Polea 2: $\{\bar{\Omega}_{abs}(polea2)\}_{XYZ}$	--

Cálculo de las velocidades y velocidades angulares no nulas, y de fuerzas y momentos señaladas en la tabla.

Las velocidades de P y G, así como las velocidades angulares de las poleas 1 y 2 se tienen calculadas en el paso 1. Se detallan a continuación fuerzas y momentos:

$$\{M\bar{g}\}_{XYZ} = \begin{bmatrix} 0 \\ 0 \\ -Mg \end{bmatrix}_{XYZ}$$

$$\{\bar{T}_m\}_{XYZ} = \begin{bmatrix} 0 \\ T_m \\ 0 \end{bmatrix}_{XYZ}$$

donde a T_m se le presupone signo positivo. Dado que la ecuación del movimiento en este sistema es conocida, $v = cte$, será el par motor de la polea 1 el que pase a ser la incógnita. El signo que se obtenga al resolver la ecuación, indicará si se ha presupuesto correctamente el sentido o no.

Se aplica ahora la expresión para el cálculo de potencia:

$$\frac{dW}{dt} = \sum_S [\bar{F}(P) \cdot \bar{v}_{ABS}(P)] + \sum_S [\bar{M}_S \cdot \bar{\Omega}_S]$$

$$\frac{dW}{dt} = \begin{bmatrix} 0 \\ 0 \\ -Mg \end{bmatrix}_{XYZ} \begin{bmatrix} 0 \\ 0 \\ -v \end{bmatrix}_{XYZ} + \begin{bmatrix} 0 \\ T_m \\ 0 \end{bmatrix}_{XYZ} \begin{bmatrix} 0 \\ \dfrac{2v}{R} \\ 0 \end{bmatrix}_{XYZ} = Mgv + \frac{T_m 2v}{R}$$

Paso 3. Aplicación del teorema de la Energía. Para ello, se deberá derivar la energía cinética obtenida en el primer paso, y posteriormente igualar a la potencia calculada en el paso dos.

$$\frac{dT_{ABS}}{dt} = \frac{d}{dt} v^2 \left(\frac{2I_O}{R^2} + 2m \right) = 2v\dot{v} \left(\frac{2I_O}{R^2} + 2m \right) = 0, \, dado \, que \, v = cte$$

$$\frac{dT_{ABS}}{dt} = \frac{dW}{dt}$$

$$0 = Mgv + \frac{T_m 2v}{R}$$

de donde se deduce al despejar que

$$T_m = -\frac{MgR}{2}$$

El signo negativo obtenido en el resultado para el par indica que se presupuso incorrectamente el sentido, y que el par, en vez de ir a favor del giro de la polea va en contra. Es decir, que en este caso, el motor está ejerciendo de freno para poder mantener la velocidad de bajada del bloque contante.

7. Puntos clave para resolver la dinámica

Punto 1	**RESOLUCION DE PROBLEMAS USANDO TEOREMAS VECTORIALES** Todos los problemas vectoriales se resuelven siempre con los mismos pasos
Paso previo	Configurar la cadena de bases y seleccionar ejes de proyección para cada uno de los sólidos, contando ahora con la geometría de masas (sólidos con o sin masa, sólidos rotores o no) • En sólidos generales con masa, escoger ejes solidarios al sólido • En rotor simétrico valen las bases en las que se mantiene la dirección principal • En rotor esférico sirve cualquier base • En sólidos sin masa sirve cualquier base
Paso 1	Análisis cinemático: Establecer conjunto de coordenadas y velocidades generalizadas, ecuaciones de enlace y grados de libertad. Cada uno de estos grados de libertad dará lugar a una incógnita (Ver «Puntos clave para resolver la cinemática», del tomo *Problemas resueltos de Mecánica para ingenieros: Cinemática*) • Si la ecuación del movimiento es desconocida, es incógnita • Si la ecuación del movimiento es conocida, el valor del accionamiento es la incógnita • Nunca ambas a la vez Calcular la aceleración absoluta de los centros de masas de todos los sólidos con masa (para el TCM) y la velocidad angular absoluta de todos los sólidos con masa (para el TMC) en las bases seleccionadas para cada sólido en el paso previo.
Paso 2	Analizar todas las acciones verdaderas sobre cada sólido, es decir, activas y pasivas (se recomienda realizar una tabla resumen, con tantas columnas como sólidos en el sistema, ver ejemplo capítulo 5 de este libro). • Identificar todos los sólidos, tengan masa o no

- Identificar acciones a distancia: gravedad, muelle, amortiguador, rozamiento, motor, cilindro hidráulico, acción externa. *No olvidar las reacciones*
- Identificar los enlaces elementales entre dos sólidos (eliminando todos los demás) para obtener torsores (*uno por contacto*).
  - Si desplazamiento impedido → fuerza distinta de cero y viceversa.
  - Si giro impedido → momento distinto de cero y viceversa
  - Para rodadura sin deslizamiento: Fuerzas distintas de cero en las tres direcciones
  - Para contacto puntual: Momentos igual a cero en las tres direcciones

Cada torsor entre sólidos tiene acción y reacción entre esos sólidos

Cada torsor entre sólido y suelo, tiene acción y reacción entre sólido y suelo.

Las fuerzas y momentos, y por tanto los torsores, se deberán expresar para cada sólido en los ejes seleccionados en el paso previo para cada uno de ellos.

Paso 3	Realizar balance de incógnitas y ecuaciones. El número de incógnitas y ecuaciones debe coincidir. <ul><li>Incógnitas: Todas las acciones de enlace, todas las ecuaciones del movimiento NO conocidas, y todos los accionamientos NO conocidos</li><li>Ecuaciones: Tantas como sólidos, teniendo en cuenta que se aplican dos teoremas y cada uno de ellos da lugar a tres ecuaciones por tener los vectores tres componentes en el espacio. Por tanto, siempre seis ecuaciones para cada sólido.</li></ul>
Paso 4	APLICAR TCM a cada sólido $$\sum_{s\acute{o}lido} \bar{F}_{ext}(P) = m\bar{\gamma}_{abs}(G)$$ Se aplica tantas veces como sólidos tiene el sistema, siempre en G. El sumatorio será igual a cero, si el sólido tiene masa despreciable, si la aceleración de su centro de gravedad es nula, o ambas a la vez.

Paso 5	APLICAR TMC a cada sólido

$$\bar{\dot{H}}_B = \sum_{sólido} \bar{M}_{ext}(B) - \overline{BG}x(m\bar{\gamma}_{abs}(B))$$

$$\lfloor \bar{H}(B) \rfloor_{RTB} = \bar{\bar{I}}_B \bar{\Omega}_{abs}(sólido)$$

$$\left\{ \bar{\dot{H}}_B \right\}_{base} = \left\{ \left\lfloor \frac{d}{dt}\bar{H}_B \right\rfloor_{RTB} \right\}_{base}$$

$$= \frac{d}{dt}\{\bar{H}_B\}_{base} + \{\bar{\Omega}_{RTB=abs}(base)x\bar{H}_B\}_{base}$$

Para el sumatorio: $\sum_{sólido}\bar{M}_{ext}(B)$
- Se elige el punto respecto al que tomar momentos
- Se toman todos los momentos aplicados en el sólido
- Se toman todas las fuerzas (a distancia y de enlace) aplicadas fuera del punto respecto al que se toman momentos, porque estas fuerzas, provocan momento en el punto elegido.

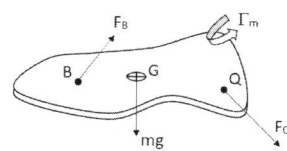

$$\sum \bar{M}(B) = \overline{BG}xm\bar{g} + \overline{BQ}x\bar{F}_Q + \overline{\Gamma_m}$$

- mg provoca momento en B
- F_Q provoca momento en B
- F_B no provoca momento en B
- Tm pasa directamente a B

Para el término: $-\overline{BG}x(m\bar{\gamma}_{abs}(B))$
- Este término se anula si se toman momentos G (B pasa a ser G), si la masa del sólido es despreciable, o si la aceleración del punto B escogido es nula.

Para el término: $\bar{\dot{H}}_B$ con $\lfloor \bar{H}(B) \rfloor_{RTB} = \bar{\bar{I}}_B \bar{\Omega}_{abs}(sólido)$
- No olvidar el término de Bour al derivar
- El tensor debe ser constante
- Este término se hace cero si el sólido tiene masa despreciable, o si el sólido solo se traslada (velocidad angular absoluta nula).

Paso 6	Resolver el sistema de ecuaciones

Punto 2	RESOLUCION DE PROBLEMAS USANDO TEOREMA DE LA ENERGÍA

Todos los problemas de teorema de la energía se resuelven siempre con los mismos pasos. En este libro serán siempre problemas de movimiento plano con un solo grado de libertad

Paso 1	Análisis de la cinemática

Establecer conjunto de coordenadas y velocidades generalizadas, ecuaciones de enlace, que darán lugar a un sistema con un solo grado de libertad.

- Si la ecuación del movimiento es desconocida, es incógnita
- Si la ecuación del movimiento es conocida, el valor del accionamiento es la incógnita
- Nunca ambas cosas a la vez

Paso 2	Calcular la energía cinética del sistema.

Identificar todos los sólidos con masa, y ver si su centro de masas se traslada, si el sólido gira, o ambas cosas a la vez.

$$T_{ABS} = \sum_{i=1}^{n} T_i = \sum_{i=1}^{n} \left[\frac{1}{2} m_S \cdot \bar{v}_{ABS}^2(G) + \frac{1}{2} \bar{\Omega}_S^T \cdot \bar{\bar{I}}_P \cdot \bar{\Omega}_S \right]_i$$

Producto escalar, que da lugar a un resultado escalar.

Paso 3	Calcular la potencia del sistema.

Identificar todos aquellos puntos que se trasladan con velocidad distinta de cero y que tienen aplicada una fuerza e identificar los sólidos con momento aplicado y que además giran. Las fuerzas que producen potencia serán: gravedad, muelles, amortiguadores, rozamiento, fuerzas exteriores y accionamientos como motores o cilindros hidráulicos.

Las reacciones de fuerzas y momentos se deben tener en cuenta.

Si el vector fuerza es perpendicular al vector velocidad, la potencia producida es nula

$$\frac{dW}{dt} = \sum_S [\bar{F}(P) \cdot \bar{v}_{ABS}(P)] + \sum_S [\bar{M}_S \cdot \bar{\Omega}_S]$$

Producto escalar, que da lugar a un resultado escalar.

| *Paso 3* | Aplicar el Teorema de la Energía |

$$\frac{dT_{ABS}}{dt} = \frac{dW}{dt}$$

- Derivar la expresión obtenida en el paso 1
- Igualar a la expresión obtenida en el paso 2
- Despejar la incógnita de la ecuación

PROBLEMA 1

El sistema mecánico mostrado en las figuras adjuntas se encuentra en movimiento. Está formado por un soporte rígido acodado, que desliza sobre una superficie horizontal lisa, y por un disco de radio R en su extremo, siendo accionado por un motor cuyo chasis se encuentra solidario al soporte y que proporciona un par constante y conocido de valor T.

La masa del soporte se considera despreciable frente al disco.

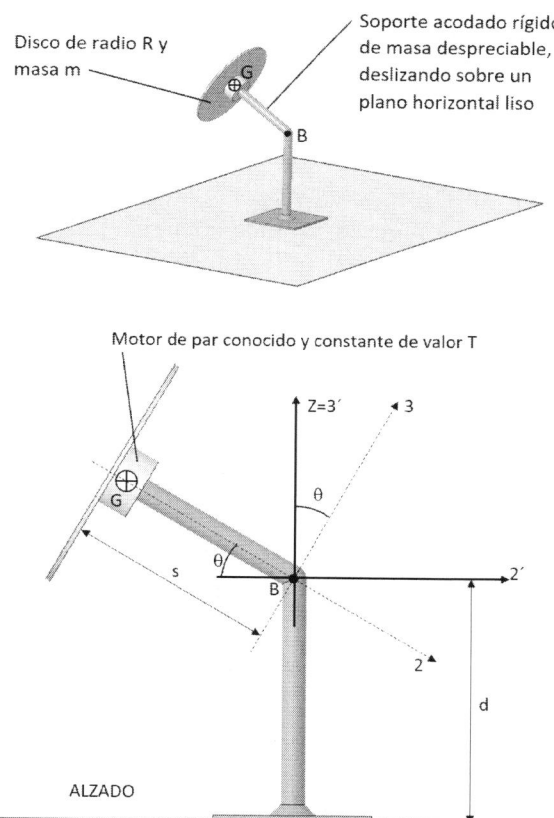

Aplicando los teoremas vectoriales se debe obtener el modelo matemático de simulación del movimiento del sistema mecánico que permitiría calcular la ecuación o ecuaciones del movimiento de dicho sistema mecánico, así como las acciones de enlace entre el soporte y el disco.

Se debe tener en cuenta, que para este problema se toma como hipótesis que el disco es el único sólido con masa, y que es rotor simétrico en G con dirección particular la perpendicular al plano del disco.

Paso previo: configurar la cadena de bases y seleccionar ejes de proyección para cada uno de los sólidos

$\bar{X}\bar{Y}\bar{Z}$	$(+)\psi$	$\bar{1}'\bar{2}'\bar{3}'$	$(+)\theta = cte$	$\bar{1}\bar{2}\bar{3}$	$(-)\varphi$	$\bar{1}''\,\bar{2}''\,\bar{3}''$
Suelo	$\rightarrow$	Soporte	$\rightarrow$	Inclinación	$\rightarrow$	Disco
Base fija	$Z=3'$	Base móvil	$1'=1$	Base móvil	$2=2''$	Base móvil

De los sólidos que se tienen en el problema:
- El soporte tiene masa despreciable, por lo que cualesquiera de los ejes de proyección son válidos para este sólido.
- El disco tiene masa m, y aunque sus ejes solidarios son $\overline{1''}\,\overline{2''}\,\overline{3''}$, al tratarse de un rotor simétrico según la dirección $2=2''$ y respecto al centro, serán también válidos los ejes $\bar{1}\bar{2}\bar{3}$ para trabajar este sólido.

Paso 1: análisis cinemático, que a su vez tiene dos partes.
   a) Coordenadas y velocidades generalizadas, ecuaciones de enlace y los grados de libertad.

Ahora se deberá orientar y situar cada uno de los sólidos del sistema intentando hacerlo con el mínimo número de parámetros para simplificar la búsqueda de las ecuaciones de enlace.

Sólido	SOPORTE	DISCO
Situar con	B, G Cualquiera de los dos puntos es válido. Se situará B con x_B e y_B.	B, G El disco queda situado con B
Orientar con	ψ	ψ, φ

Tomando ahora de la tabla anterior el mínimo número de parámetros que sitúan y orientan todo el sistema mecánico se tiene:

Coordenadas generalizadas: $q = x_B, y_B, \psi, \varphi$

Velocidades generalizadas: $\dot{q} = \dot{x}_B, \dot{y}_B, \dot{\psi}, \dot{\varphi}$

No se tienen rodaduras sin deslizamiento, ni sólidos enlazados por medio de guías ranuradas. No hay ecuaciones de enlace, por lo que el número de grados de libertad coincide con las velocidades generalizadas que se han tomado. Es decir, cuatro grados de libertad. El soporte puede deslizar en dos direcciones independientemente, además de girar sobre sí mismo. El disco, gira también de manera independiente al movimiento del soporte.

  b) Aceleración absoluta de los centros de masas de todos los sólidos con masa y la velocidad angular absoluta de todos los sólidos con masa.

El único sólido con masa es el disco, que ya se ha indicado que se debe trabajar en los ejes $\overline{123}$. Se calculará por tanto la aceleración absoluta de su centro de gravedad en estos ejes, mediante la derivación de su velocidad absoluta. La velocidad absoluta de G se calculará mediante sólido rígido a través del soporte.

$$\bar{v}_{abs}(G) = \bar{v}_{abs}(B) + \overline{\Omega}_{abs}(soporte)x\overline{BG} \text{ con } B, G\epsilon \text{ soporte}$$

Dado que la velocidad de B se conoce en función de $\dot{x}_B$ e $\dot{y}_B$ en la base $\overline{XYZ}$, será necesario hacer una doble proyección para pasar en primer lugar a los ejes $\overline{1'2'3'}$ y posteriormente a los ejes $\overline{123}$. Así, la velocidad de B quedará:

$$\{\bar{v}_{abs}(B)\}_{123} = \begin{bmatrix} \dot{x}_B\cos\psi + \dot{y}_B sen\psi \\ (-\dot{x}_B sen\psi + \dot{y}_B\cos\psi)\cos\theta \\ (-\dot{x}_B sen\psi + \dot{y}_B\cos\psi)sen\theta \end{bmatrix}_{123}$$

Sabiendo que

$$\{\overline{\Omega}_{abs}(soporte)\}_{123} = \begin{bmatrix} 0 \\ -\dot{\psi}sen\theta \\ \dot{\psi}\cos\theta \end{bmatrix}_{123}$$

y

$$\{\overline{BG}\}_{123} = \begin{bmatrix} 0 \\ -s \\ 0 \end{bmatrix}_{123}$$

al final se llega a

$$\{\bar{v}_{abs}(G)\}_{123} = \begin{bmatrix} \dot{x}_B\cos\psi + \dot{y}_B sen\psi \\ (-\dot{x}_B sen\psi + \dot{y}_B\cos\psi)\cos\theta \\ (-\dot{x}_B sen\psi + \dot{y}_B\cos\psi)sen\theta \end{bmatrix}_{123} + \begin{bmatrix} 0 \\ -\dot{\psi}sen\theta \\ \dot{\psi}\cos\theta \end{bmatrix}_{123} x \begin{bmatrix} 0 \\ -s \\ 0 \end{bmatrix}_{123} =$$

$$\{\bar{v}_{abs}(G)\}_{123} = \begin{bmatrix} \dot{x}_B \cos\psi + \dot{y}_B sen\psi + s\dot{\psi}\cos\theta \\ (-\dot{x}_B sen\psi + \dot{y}_B \cos\psi)\cos\theta \\ (-\dot{x}_B sen\psi + \dot{y}_B \cos\psi)sen\theta \end{bmatrix}_{123}$$

Ahora bastará derivar según la expresión de Bour,

$$\{\bar{\gamma}_{abs}(G)\}_{123} = \frac{d}{dt}\{\bar{v}_{abs}(G)\}_{123} + \{\bar{\Omega}_{abs}(123)x\bar{v}_{abs}(G)\}_{123} =$$

$$= \begin{bmatrix} \ddot{x}_B \cos\psi + \ddot{y}_B sen\psi + s\ddot{\psi}\cos\theta \\ (-\ddot{x}_B sen\psi + \ddot{y}_B \cos\psi + s\dot{\psi}^2\cos\theta)\cos\theta \\ (-\ddot{x}_B sen\psi + \ddot{y}_B \cos\psi + s\dot{\psi}^2\cos\theta)sen\theta \end{bmatrix}_{123} = \begin{bmatrix} \gamma_1 \\ \gamma_2 \\ \gamma_3 \end{bmatrix}_{123}$$

Siendo la velocidad angular de la base, proyectada en $\overline{123}$.

$$\{\bar{\Omega}_{abs}(\overline{123})\}_{123} = \begin{bmatrix} 0 \\ -\dot{\psi}sen\theta \\ \dot{\psi}\cos\theta \end{bmatrix}_{123}$$

Paso 2: analizar todas las acciones verdaderas sobre cada sólido, es decir, activas y pasivas.

Soporte → Indiferente, no tiene masa
Se decide trabajar en $\overline{1'2'3'}$

Disco → $\overline{123}$

Esquema indicando el número y ubicación de los enlaces para cada sólido

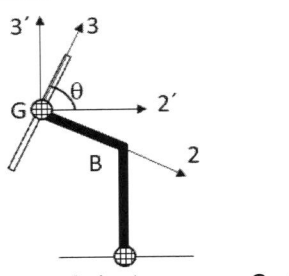

Dos contactos → dos torsores, en G y B

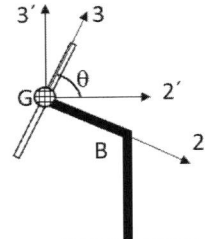

Un contacto → un torsor G

Acciones activas

Gravedad: NO	Gravedad: SI
	$\begin{bmatrix} 0 \\ -mgsen\theta \\ -mgcos\theta \end{bmatrix}_{123}$
Rozamiento: NO	Rozamiento: NO
Muelle: NO	Muelle: NO
Amortiguador: NO	Amortiguador: NO
Motor: SI (la reacción del motor al soporte) $\quad\leftrightarrow$	Motor: SI (la acción del motor al disco)
$\begin{bmatrix} 0 \\ T_m cos\theta \\ -T_m sen\theta \end{bmatrix}_{1'2'3'}$	$\begin{bmatrix} 0 \\ -T_m \\ 0 \end{bmatrix}_{123}$
Cilindro hidráulico: NO	Cilindro hidráulico: NO

Acciones pasivas

	Torsor en G disco-soporte: Desaparecen todos los demás sólidos y se analiza el contacto como si los sólidos descartados no existieran.
	Se analiza el movimiento en $\overline{1}\overline{2}\overline{3}$, los ejes en los que se trabaja el disco.
Torsor soporte-disco: Este torsor pasa directamente por acción-reacción	Según las direcciones $\overline{1}\overline{2}\overline{3}$, el disco no puede desplazarse respecto al soporte en ninguna de ellas → Las tres fuerzas distintas de cero.
	Según las direcciones $\overline{1}\overline{2}\overline{3}$, la rueda solo puede girar según la dirección 2 respecto al soporte→ momento en dirección 2 nulo, y los otros dos distintos de cero.

$$\{J(G)\}_{123} = \left[\begin{bmatrix} -F'_1 \\ -F'_2 \\ -F'_3 \end{bmatrix} ; \begin{bmatrix} -M'_1 \\ 0 \\ -M'_3 \end{bmatrix} \right]_{123}$$

$$\{J(G)\}_{123} = \left[\begin{bmatrix} F'_1 \\ F'_2 \\ F'_3 \end{bmatrix} ; \begin{bmatrix} M'_1 \\ 0 \\ M'_3 \end{bmatrix} \right]_{123}$$

La reacción de este torsor va al disco Dado que para el soporte se está trabajando en $\overline{1'}\overline{2'}\overline{3'}$, es necesario proyectar este torsor $\quad\leftrightarrow$	La reacción de este torsor va al soporte

$$\{J(G)\}_{123} =$$

$$= \left[\begin{bmatrix} -F'_1 \\ -F'_2 cos\theta - F'_3 sen\theta \\ F'_2 sen\theta - F'_3 cos\theta \end{bmatrix} ; \begin{bmatrix} -M'_1 \\ -M'_3 sen\theta \\ -M'_3 cos\theta \end{bmatrix}\right]_{1'2'3'}$$

Torsor en B soporte-suelo: Desaparecen todos los demás sólidos y se analiza el contacto como si los sólidos descartados no existieran.
Se analiza el movimiento en los ejes $\overline{1'2'3'}$, que son unos ejes sencillos para ver el movimiento.
El soporte puede deslizar según las direcciones $1'$ y $2'$ → Fuerzas iguales a cero, excepto fuerza en $3'$, y distinta de las anteriores
Según las direcciones $\overline{1'2'3'}$, el soporte solo puede girar según la dirección $3'$ respecto al suelo → momento en dirección 3 nulo, y los otros dos distintos de cero, y distintos de los anteriores

$$\{J(B)\}_{1'2'3'} = \left[\begin{bmatrix} 0 \\ 0 \\ F_3 \end{bmatrix} ; \begin{bmatrix} M_1 \\ M_2 \\ 0 \end{bmatrix}\right]_{1'2'3'}$$

←   La reacción de este torsor va al suelo

Paso 3: hacer balance de ecuaciones e incógnitas.

Ocho incógnitas del problema debidas a enlace: F_3, M_1, M_2, F'_1, F'_2, F'_3, M'_1, M'_3

Se añaden cuatro incógnitas del problema debidas a grados de libertad. Dado que el par motor T_m es constante y de valor conocido, se tendrán cuatro ecuaciones del movimiento como incógnitas.

En total doce incógnitas a resolver mediante sistema de doce ecuaciones (2 sólidos x 2 teoremas x 3 componentes)

Paso 4: aplicar el TCM a cada sólido del sistema, siempre en el centro de masas.

$$\sum_{sólido} \bar{F}_{ext}(P) = m\bar{\gamma}_{abs}(G)$$

Para el soporte

$$\begin{bmatrix} -F'_1 \\ -F'_2\cos\theta - F'_3 sen\theta \\ F'_2 sen\theta - F'_3\cos\theta \end{bmatrix}_{1'2'3'} + \begin{bmatrix} 0 \\ 0 \\ F_3 \end{bmatrix}_{1'2'3'} = \bar{0}$$

Para el disco

$$\begin{bmatrix} 0 \\ -mg\,sen\theta \\ -mg\cos\theta \end{bmatrix}_{123} + \begin{bmatrix} F'_1 \\ F'_2 \\ F'_3 \end{bmatrix}_{123} = m \begin{bmatrix} \gamma_1 \\ \gamma_2 \\ \gamma_3 \end{bmatrix}_{123}$$

Paso 5: aplicar el TMC a cada sólido del sistema.

$$\dot{\bar{H}}_B = \sum_{s\acute{o}lido} \bar{M}_{ext}(B) - \overline{BG}x(m\bar{\gamma}_{abs}(B))$$

Para el soporte, y aplicando momentos en B (se escoge un punto sencillo, dado que en este caso el sólido tiene masa despreciable)

$$\bar{0} = \sum_{s\acute{o}lido} \bar{M}_{ext}(B)$$

Por tanto, y teniendo en cuenta los momentos y que las fuerzas en G provocan momento en B,

$$\begin{bmatrix} 0 \\ T_m\cos\theta \\ -T_m sen\theta \end{bmatrix}_{1'2'3'} + \begin{bmatrix} -M'_1 \\ -M'_3 sen\theta \\ -''_3\cos\theta \end{bmatrix}_{1'2'3'} + \overline{BG}x \begin{bmatrix} -F'_1 \\ -F'_2\cos\theta - F'_3 sen\theta \\ F'_2 sen\theta - F'_3\cos\theta \end{bmatrix}_{1'2'3'} + \begin{bmatrix} M_1 \\ M_2 \\ 0 \end{bmatrix}_{1'2'3'} = \bar{0}$$

con $\{\overline{BG}\}_{123} = \begin{bmatrix} 0 \\ -s \\ 0 \end{bmatrix}_{123} = \begin{bmatrix} 0 \\ -s\,sen\theta \\ s\cos\theta \end{bmatrix}_{1'2'3'}$

Para el disco, del que se conoce el tensor de inercia en G por ser rotor simétrico según la dirección 2:

$$[\bar{\bar{I}}_G]_{123} = \begin{bmatrix} I & 0 & 0 \\ 0 & I' & 0 \\ 0 & 0 & I \end{bmatrix}_{123}$$

se toman momentos en G

$$\bar{\bar{H}}_G = \sum\nolimits_{sólido} \bar{M}_{ext}(G) - \overline{GG}x\big(m\bar{\gamma}_{abs}(G)\big)$$

$$\frac{d}{dt}\Big\{[\bar{\bar{I}}_G]_{123}\,\bar{\Omega}_{abs}(disco)\Big\}_{123} + \Big\{\bar{\Omega}_{abs}(123)x\Big([\bar{\bar{I}}_G]_{123}\,\bar{\Omega}_{abs}(disco)\Big)\Big\}_{123} = \sum\nolimits_{sólido} \bar{M}_{ext}(G)$$

Sabiendo que la velocidad angular del disco será:

$$\{\bar{\Omega}_{abs}(disco)\}_{123} = \begin{bmatrix} 0 \\ -\dot\psi sen\theta + \dot\varphi \\ \dot\psi cos\theta \end{bmatrix}_{123}$$

se tiene

$$\frac{d}{dt}\left(\begin{bmatrix} I & 0 & 0 \\ 0 & I' & 0 \\ 0 & 0 & I \end{bmatrix}_{123} \begin{bmatrix} 0 \\ -\dot\psi sen\theta + \dot\varphi \\ \dot\psi cos\theta \end{bmatrix}_{123}\right) + \begin{bmatrix} 0 \\ -\dot\psi sen\theta + \dot\varphi \\ \dot\psi cos\theta \end{bmatrix}_{123} x \left(\begin{bmatrix} I & 0 & 0 \\ 0 & I' & 0 \\ 0 & 0 & I \end{bmatrix}_{123} \begin{bmatrix} 0 \\ -\dot\psi sen\theta + \dot\varphi \\ \dot\psi cos\theta \end{bmatrix}_{123}\right) =$$

$$= \sum\nolimits_{sólido} \bar{M}_{ext}(G)$$

$$\frac{d}{dt}\begin{bmatrix} 0 \\ I'(-\dot\psi sen\theta + \dot\varphi) \\ I\dot\psi cos\theta \end{bmatrix}_{123} + \begin{bmatrix} 0 \\ -\dot\psi sen\theta \\ \dot\psi cos\theta \end{bmatrix}_{123} x \begin{bmatrix} 0 \\ I'(-\dot\psi sen\theta + \dot\varphi) \\ I\dot\psi cos\theta \end{bmatrix}_{123} = \sum\nolimits_{sólido} \bar{M}_{ext}(G)$$

siendo

$$\sum\nolimits_{sólido} \bar{M}_{ext}(G) = \begin{bmatrix} 0 \\ -T_m \\ 0 \end{bmatrix}_{123} + \begin{bmatrix} M'_1 \\ 0 \\ M'_3 \end{bmatrix}_{123}$$

Paso 6: analizar el modelo matemático conformado por el sistema de ecuaciones.

Bastaría ahora realizar todos los productos vectoriales, operar y plantear el sistema de doce ecuaciones con doce incógnitas.

PROBLEMA 2

El sistema mecánico se encuentra en movimiento. Se compone de una cuña de masa despreciable que desliza sobre el suelo horizontal liso, y un cilindro de radio r y masa m que rueda sin deslizar sobre su superficie inclinada.

Sobre la cuña actúa una fuerza externa en el punto B, punto medio de la arista, de valor F constante y conocido, y siempre perpendicular al plano vertical de la cuña.

La altura máxima de la cuña es h, constante, y se representa junto a la vista tridimensional una vista lateral del conjunto que contiene a los puntos A, J, Q (en contacto con el suelo) y G.

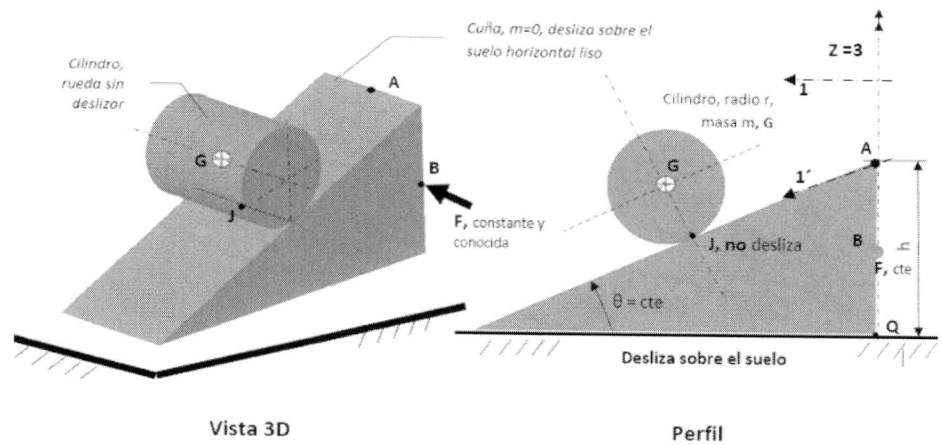

Vista 3D   Perfil

Dato de geometría de masas: el cilindro es rotor simétrico en su centro de masas con dirección singular su eje de revolución.

Se pide, aplicando los Teoremas Vectoriales, plantear el modelo matemático de simulación que permitiría establecer:
-   La ecuación o ecuaciones de movimiento del sistema mecánico
-   Las acciones de enlace entre cilindro y cuña en J.

Paso previo: configurar la cadena de bases y seleccionar ejes de proyección para cada uno de los sólidos

$\overline{X}\overline{Y}\overline{Z}$	$(+)\psi$	$\overline{1}\overline{2}\overline{3}$	$(+)\theta = cte$	$\overline{1'}\overline{2'}\overline{3'}$	$(+)\varphi$	$\overline{1''}\,\overline{2''}\,\overline{3''}$
Suelo	$\rightarrow$	Cuña	$\rightarrow$	Inclinación	$\rightarrow$	Cilindro
Base fija	Z=3	Base móvil	2=2′	Base móvil	2′=2′′	Base móvil

De los sólidos que se tienen en el problema:
- La cuña tiene masa despreciable, por lo que cualesquiera de los ejes de proyección son válidos para este sólido.
- El cilindro tiene masa m, y aunque sus ejes solidarios son $\overline{1''}\,\overline{2''}\,\overline{3''}$, al tratarse de un rotor simétrico según la dirección 2=2′′ y respecto al centro, serán también válidos los ejes $\overline{1'}\overline{2'}\overline{3'}$ y $\overline{1}\overline{2}\overline{3}$ para trabajar este sólido.

Paso 1: análisis cinemático, que a su vez tiene dos partes.
     a) Coordenadas y velocidades generalizadas, ecuaciones de enlace y los grados de libertad.

Ahora se deberá orientar y situar cada uno de los sólidos del sistema intentando hacerlo con el mínimo número de parámetros para simplificar la búsqueda de las ecuaciones de enlace.

Sólido	CUÑA	CILINDRO
Situar con	Q, A, B, J Cualquiera de los puntos es válido, a excepción de J, por ser posición particular. Se situará Q con x_Q e y_Q.	J, G Dado que la cuña está situada y orientada, se puede situar el punto G del cilindro con la distancia s relativa.
Orientar con	ψ	ψ, φ

Tomando ahora de la tabla anterior el mínimo número de parámetros que sitúan y orientan todo el sistema mecánico se tiene:

$$\text{Coordenadas generalizadas: } q = x_Q, y_Q, \psi, \varphi, s$$
$$\text{Velocidades generalizadas: } \dot{q} = \dot{x}_Q, \dot{y}_Q, \dot{\psi}, \dot{\varphi}, \dot{s}$$

En este problema se tiene rodadura sin deslizamiento, por lo que habrá que calcular ecuaciones de enlace.

En la rodadura entre cuña y cilindro se cumple:

$$[\bar{v}_{abs}(J)]_{cuña} = [\bar{v}_{abs}(J)]_{cilindro}$$

Pero ninguno de los dos sólidos permanece inmóvil, entonces

$$\bar{v}_{abs}(J) \neq \bar{0}$$

Sin embargo, si un observador se sitúa sobre la cuña, es decir, se toma como referencia móvil la cuña, dicho observador advertirá que

$$[\bar{v}_{rel}(J)]_{cuña} = \bar{0}$$

Y entonces se cumplirá que

$$[\bar{v}_{rel}(J)]_{cuña} = [\bar{v}_{rel}(J)]_{cilindro} = \bar{0}$$

Elegir esta referencia para observar la rodadura simplificará los cálculos y se podrá aplicar la cinemática del sólido rígido al cilindro en relativas según la expresión:

$$\bar{v}_{rel}(J) = \bar{0} = \bar{v}_{rel}(G) + \bar{\Omega}_{rel}(cilindro) x \overline{GJ} \text{ con } G, J \epsilon \text{ cilindro}$$

Para poder resolver la expresión anterior, es necesario conocer la $\bar{v}_{rel}(G)$, que se obtendrá por derivación de un vector de posición relativo desde un punto de la cuña hasta G, por ejemplo, el punto A. Se tomarán los ejes $\overline{1'2'3'}$ para simplificar la proyección de vectores.

$$\{\bar{v}_{rel}(G)\}_{1'2'3'} = \frac{d}{dt}\{\overline{AG}\}_{1'2'3'} + \{\bar{\Omega}_{rel}(1'2'3') x \overline{AG}\}_{1'2'3'}$$

Dado que los ejes $\overline{1'2'3'}$ son solidarios a la cuña, la velocidad angular relativa de dichos ejes será nula, y por tanto,

$$\{\bar{v}_{rel}(G)\}_{1'2'3'} = \frac{d}{dt}\begin{bmatrix} s \\ 0 \\ r \end{bmatrix}_{1'2'3'} + \begin{bmatrix} 0 \\ 0 \\ 0 \end{bmatrix}_{1'2'3'} x \begin{bmatrix} s \\ 0 \\ r \end{bmatrix}_{1'2'3'} = \begin{bmatrix} \dot{s} \\ 0 \\ 0 \end{bmatrix}_{1'2'3'}$$

Siendo

$$\{\bar{\Omega}_{rel}(cilindro)\}_{1'2'3'} = \{\bar{\Omega}_{abs}(cilindro)\}_{1'2'3'} - \{\bar{\Omega}_{abs}(RM = cuña)\}_{1'2'3'} = \begin{bmatrix} 0 \\ \dot{\varphi} \\ 0 \end{bmatrix}_{1'2'3'}$$

y

$$\{\overline{GJ}\}_{1'2'3'} = \begin{bmatrix} 0 \\ 0 \\ -r \end{bmatrix}_{1'2'3'}$$

se tendrá finalmente:

$$\bar{v}_{rel}(J) = \bar{0} = \begin{bmatrix} \dot{s} \\ 0 \\ 0 \end{bmatrix}_{1'2'3'} + \begin{bmatrix} 0 \\ \dot{\varphi} \\ 0 \end{bmatrix}_{1'2'3'} x \begin{bmatrix} 0 \\ 0 \\ -r \end{bmatrix}_{1'2'3'} = \begin{bmatrix} \dot{s} - \dot{\varphi}r \\ 0 \\ 0 \end{bmatrix}_{1'2'3'}$$

Obteniéndose así la única ecuación de enlace del sistema

$$\dot{s} = \dot{\varphi}r$$

Es decir, se tienen cuatro grados de libertad. Por un lado, el deslizamiento en las dos direcciones de la cuña sobre el suelo, y el giro sobre sí misma de la propia cuña. Además, el giro del cilindro. La distancia que recorre el cilindro sobre la cuña, será función de la rodadura del cilindro.

b) Aceleración absoluta de los centros de masas de todos los sólidos con masa y la velocidad angular absoluta de todos los sólidos con masa.

El único sólido con masa es el cilindro, cuyos ejes válidos son $\overline{123}$, $\overline{1'2'3'}$ y $\overline{1''2''3''}$ por ser rotor simétrico según la dirección $2=2'=2''$ pasando por el centro del cilindro. Se va a trabajar en $\overline{1'2'3'}$ y se calculará por tanto la aceleración absoluta del centro de gravedad en estos ejes, mediante la derivación de su velocidad absoluta. En este caso, la velocidad de G se calculará por composición de movimientos para aprovechar el cálculo de la velocidad relativa anterior, usando como referencia móvil la cuña.

$$\bar{v}_{abs}(G) = \bar{v}_{rel}(G) + \bar{v}_e(G)$$

donde

$$\bar{v}_e(G) = \bar{v}_{abs}(A) + \bar{\Omega}_{abs}(RM = cuña)x\overline{AG} \text{ con } A \in cuña$$

La velocidad absoluta de A se calculará por derivación tal que,

$$\{\bar{v}_{abs}(A)\}_{XYZ} = \begin{bmatrix} \dot{x}_A \\ \dot{y}_A \\ 0 \end{bmatrix}_{XYZ} = \begin{bmatrix} \dot{x}_A cos\psi + \dot{y}_A sen\psi \\ -\dot{x}_A sen\psi + \dot{y}_A cos\psi \\ 0 \end{bmatrix}_{123} = \begin{bmatrix} (\dot{x}_A cos\psi + \dot{y}_A sen\psi)cos\theta \\ -\dot{x}_A sen\psi + \dot{y}_A cos\psi \\ (\dot{x}_A cos\psi + \dot{y}_A sen\psi)sen\theta \end{bmatrix}_{1'2'3'}$$

Por tanto,

$$\{\bar{v}_e(G)\}_{1'2'3'} = \begin{bmatrix} (\dot{x}_A cos\psi + \dot{y}_A sen\psi)cos\theta \\ -\dot{x}_A sen\psi + \dot{y}_A cos\psi \\ (\dot{x}_A cos\psi + \dot{y}_A sen\psi)sen\theta \end{bmatrix}_{1'2'3'} + \begin{bmatrix} -\dot{\psi}sen\theta \\ 0 \\ \dot{\psi}cos\theta \end{bmatrix}_{1'2'3'} x \begin{bmatrix} s \\ 0 \\ r \end{bmatrix}_{1'2'3'} =$$

$$= \begin{bmatrix} (\dot{x}_A cos\psi + \dot{y}_A sen\psi)cos\theta \\ -\dot{x}_A sen\psi + \dot{y}_A cos\psi + s\dot{\psi}cos\theta + r\dot{\psi}sen\theta \\ (\dot{x}_A cos\psi + \dot{y}_A sen\psi)sen\theta \end{bmatrix}_{1'2'3'}$$

Al final,

$$\{\bar{v}_{abs}(G)\}_{1'2'3'} = \begin{bmatrix} \dot{s} \\ 0 \\ 0 \end{bmatrix}_{1'2'3'} + \begin{bmatrix} (\dot{x}_A cos\psi + \dot{y}_A sen\psi)cos\theta \\ -\dot{x}_A sen\psi + \dot{y}_A cos\psi + s\dot{\psi}cos\theta + r\dot{\psi}sen\theta \\ (\dot{x}_A cos\psi + \dot{y}_A sen\psi)sen\theta \end{bmatrix}_{1'2'3'}$$

y para calcular la aceleración absoluta de G bastará derivar.

$$\{\bar{\gamma}_{abs}(G)\}_{1'2'3'} = \frac{d}{dt}\{\bar{v}_{abs}(G)\}_{1'2'3'} + \{\bar{\Omega}_{abs}(1'2'3')x\bar{v}_{abs}(G)\}_{1'2'3'} = \begin{bmatrix} \gamma_1 \\ \gamma_2 \\ \gamma_3 \end{bmatrix}_{123}$$

Se deja la operación indicada para que el lector pueda realizarla, indicando que la velocidad angular de la base $\overline{1'2'3'}$ es la misma que la de la cuña.

La velocidad angular del cilindro, sólido con masa, será:

$$\{\bar{\Omega}_{abs}(cilindro)\}_{123} = \begin{bmatrix} -\dot{\psi}sen\theta \\ \dot{\varphi} \\ \dot{\psi}cos\theta \end{bmatrix}_{123}$$

Paso 2: analizar todas las acciones verdaderas sobre cada sólido, es decir, activas y pasivas.

Cuña → Indiferente, no tiene masa
Se decide trabajar en $\overline{123}$

Cilindro → Rotor simétrico
Se decide trabajar en $\overline{1'2'3'}$

Esquema indicando el número y ubicación de los enlaces para cada sólido

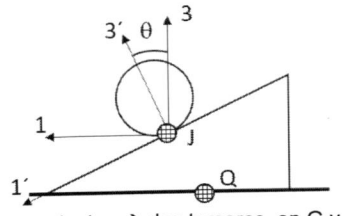
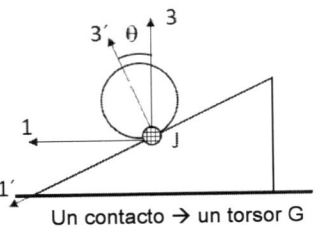

Dos contactos → dos torsores, en G y B	Un contacto → un torsor G

Acciones activas	
Gravedad: NO	Gravedad: SI $$\begin{bmatrix} mg\,sen\theta \\ 0 \\ -mgcos\theta \end{bmatrix}_{1'2'3'}$$
Rozamiento: NO	Rozamiento: NO
Muelle: NO	Muelle: NO
Amortiguador: NO	Amortiguador: NO
Motor: NO	Motor: NO
Cilindro hidráulico: NO	Cilindro hidráulico: NO
Fuerza Exterior: SI (no tiene reacción) $$\{\bar{F}(B)\}_{123} = \begin{bmatrix} 0 \\ -F \\ 0 \end{bmatrix}_{123}$$	Fuerza Exterior: NO

Acciones pasivas	
Torsor cuña-cilindro: Este torsor pasa directamente por acción-reacción	Torsor en J cilindro-cuña: Desaparecen todos los demás sólidos y se analiza el contacto como si los sólidos descartados no existieran. Se analiza el movimiento en $\overline{1'}\overline{2'}\overline{3'}$, los ejes en los que se trabaja el cilindro. Según las direcciones $\overline{1'}\overline{2'}\overline{3'}$, el cilindro no puede desplazarse respecto a la cuña en ninguna de ellas → Las tres fuerzas distintas de cero. Según las direcciones $\overline{1'}\overline{2'}\overline{3'}$, el cilindro solo puede girar según la dirección 2=2'=2'' respecto a la cuña→ momento en dirección 2 nulo, y los otros dos distintos de cero.

$$\{J(J)\}_{123}$$
$$= \begin{bmatrix} \begin{bmatrix} -F'_1 \\ -F'_2 \\ -F'_3 \end{bmatrix} ; \begin{bmatrix} -M'_1 \\ 0 \\ -M'_3 \end{bmatrix} \end{bmatrix}_{1'2'3'}$$

La reacción de este torsor va al cilindro
Dado que para la cuña se está
trabajando en $\overline{123}$, es necesario
proyectar este torsor

$\leftrightarrow$

$$\{J(J)\}_{123}$$
$$= \begin{bmatrix} \begin{bmatrix} F'_1 \\ F'_2 \\ F'_3 \end{bmatrix} ; \begin{bmatrix} M'_1 \\ 0 \\ M'_3 \end{bmatrix} \end{bmatrix}_{1'2'3'}$$

La reacción de este torsor va a
la cuña

$$\{J(J)\}_{123}$$
$$= \begin{bmatrix} \begin{bmatrix} -F'_1\cos\theta - F'_3 sen\theta \\ -F'_2 \\ F'_1 sen\theta - F'_3\cos\theta \end{bmatrix} ; \begin{bmatrix} -M'_1\cos\theta - M'_3 sen\theta \\ 0 \\ M'_1 sen\theta - M'_3\cos\theta \end{bmatrix} \end{bmatrix}_{123}$$

Torsor en Q cuña-suelo: Desaparecen todos los demás sólidos y se analiza el contacto como si los sólidos descartados no existieran.

Se analiza el movimiento en los ejes $\overline{123}$, que son unos ejes sencillos para ver el movimiento.

El soporte puede deslizar según las direcciones 1 y 2 → Fuerzas iguales a cero, excepto fuerza en 3, y distinta de las anteriores

Según las direcciones $\overline{123}$, la cuña solo puede girar según la dirección 3 respecto al suelo → momento en dirección 3 nulo, y los otros dos distintos de cero, y distintos de los anteriores

$$\{J(Q)\}_{1'2'3'} = \begin{bmatrix} \begin{bmatrix} 0 \\ 0 \\ F_3 \end{bmatrix} ; \begin{bmatrix} M_1 \\ M_2 \\ 0 \end{bmatrix} \end{bmatrix}_{123}$$

$\leftarrow$ La reacción de este torsor va al suelo

Paso 3: hacer balance de ecuaciones e incógnitas.

Ocho incógnitas del problema debidas a enlace: F'_1, F'_2, F'_3, M'_1, M'_3, F_3, M_1, M_2

Se añaden cuatro incógnitas del problema debidas a grados de libertad. Dado que la fuerza exterior F es constante y de valor conocido, se tendrán cuatro ecuaciones del movimiento como incógnitas.

En total doce incógnitas a resolver mediante sistema de doce ecuaciones (2 sólidos x 2 teoremas x 3 componentes)

Paso 4: aplicar el TCM a cada sólido del sistema, siempre en el centro de masas.

$$\sum_{\text{sólido}} \bar{F}_{ext}(P) = m\bar{\gamma}_{abs}(G)$$

Para la cuña

$$\begin{bmatrix} 0 \\ -F \\ 0 \end{bmatrix}_{123} + \begin{bmatrix} -F'_1\cos\theta - F'_3 sen\theta \\ -F'_2 \\ F'_1 sen\theta - F'_3\cos\theta \end{bmatrix}_{123} + \begin{bmatrix} 0 \\ 0 \\ F_3 \end{bmatrix}_{123} = \bar{0}$$

Para el cilindro

$$\begin{bmatrix} mg\,sen\theta \\ 0 \\ -mg\cos\theta \end{bmatrix}_{1'2'3'} + \begin{bmatrix} F'_1 \\ F'_2 \\ F'_3 \end{bmatrix}_{1'2'3'} = m\begin{bmatrix} \gamma_1 \\ \gamma_2 \\ \gamma_3 \end{bmatrix}_{1'2'3'}$$

Paso 5: aplicar el TMC a cada sólido del sistema.

$$\bar{\dot{H}}_B = \sum_{\text{sólido}} \bar{M}_{ext}(B) - \overline{BG}x(m\bar{\gamma}_{abs}(B))$$

Para la cuña, y aplicando momentos en Q (se escoge un punto sencillo, dado que en este caso el sólido tiene masa despreciable)

$$\bar{0} = \sum_{\text{sólido}} \bar{M}_{ext}(Q)$$

Por tanto, y teniendo en cuenta los momentos y que las fuerzas en B y J provocan momento en Q,

$$\overline{QB}x\begin{bmatrix} 0 \\ -F \\ 0 \end{bmatrix}_{123} + \begin{bmatrix} -M'_1\cos\theta - M'_3 sen\theta \\ 0 \\ M'_1 sen\theta - M'_3\cos\theta \end{bmatrix}_{123} + \overline{QJ}x\begin{bmatrix} -F'_1\cos\theta - F'_3 sen\theta \\ -F'_2 \\ F'_1 sen\theta - F'_3\cos\theta \end{bmatrix}_{123} + \begin{bmatrix} M_1 \\ M_2 \\ 0 \end{bmatrix}_{123} = \bar{0}$$

$$\text{con } \{\overline{QB}\}_{123} = \begin{bmatrix} 0 \\ 0 \\ h/2 \end{bmatrix}_{123} \quad y \quad \{\overline{QJ}\}_{123} = \begin{bmatrix} scos\theta \\ 0 \\ h - ssen\theta \end{bmatrix}_{123}$$

Para el cilindro, del que se conoce el tensor de inercia en G por ser rotor simétrico según la dirección 2′:

$$[\bar{\bar{I}}_G]_{1'2'3'} = \begin{bmatrix} I & 0 & 0 \\ 0 & I' & 0 \\ 0 & 0 & I \end{bmatrix}_{1'2'3'}$$

se toman momentos en G

$$\dot{\bar{H}}_G = \sum_{s\acute{o}lido} \bar{M}_{ext}(G) - \overline{GG}x(m\bar{\gamma}_{abs}(G))$$

$$\frac{d}{dt}\left\{[\bar{\bar{I}}_G]_{1'2'3'}\bar{\Omega}_{abs}(cilindro)\right\}_{1'2'3'} + \left\{\bar{\Omega}_{abs}(1'2'3')x\left([\bar{\bar{I}}_G]_{1'2'3'}\bar{\Omega}_{abs}(cilindro)\right)\right\}_{1'2'3'} =$$
$$= \sum_{s\acute{o}lido} \bar{M}_{ext}(G)$$

$$\frac{d}{dt}\left(\begin{bmatrix} I & 0 & 0 \\ 0 & I' & 0 \\ 0 & 0 & I \end{bmatrix}_{1'2'3'}\begin{bmatrix} -\dot{\psi}sen\theta \\ \dot{\varphi} \\ \dot{\psi}cos\theta \end{bmatrix}_{1'2'3'}\right) + \begin{bmatrix} -\dot{\psi}sen\theta \\ 0 \\ \dot{\psi}cos\theta \end{bmatrix}_{1'2'3'}x\left(\begin{bmatrix} I & 0 & 0 \\ 0 & I' & 0 \\ 0 & 0 & I \end{bmatrix}_{1'2'3'}\begin{bmatrix} -\dot{\psi}sen\theta \\ \dot{\varphi} \\ \dot{\psi}cos\theta \end{bmatrix}_{1'2'3'}\right) =$$
$$= \sum_{s\acute{o}lido} \bar{M}_{ext}(G)$$

$$\frac{d}{dt}\begin{bmatrix} -I\dot{\psi}sen\theta \\ I'\dot{\varphi} \\ I\dot{\psi}cos\theta \end{bmatrix}_{1'2'3'} + \begin{bmatrix} -\dot{\psi}sen\theta \\ 0 \\ \dot{\psi}cos\theta \end{bmatrix}_{1'2'3'}x\begin{bmatrix} -I\dot{\psi}sen\theta \\ I'\dot{\varphi} \\ I\dot{\psi}cos\theta \end{bmatrix}_{1'2'3'} = \sum_{s\acute{o}lido} \bar{M}_{ext}(G)$$

siendo

$$\sum_{s\acute{o}lido} \bar{M}_{ext}(G) = \begin{bmatrix} M'_1 \\ 0 \\ M'_3 \end{bmatrix}_{1'2'3'} + \overline{GJ} x \begin{bmatrix} F'_1 \\ F'_2 \\ F'_3 \end{bmatrix}_{1'2'3'}$$

$$\text{con } \{\overline{GJ}\}_{123} = \begin{bmatrix} 0 \\ 0 \\ r \end{bmatrix}_{1'2'3'}$$

Paso 6: analizar el modelo matemático conformado por el sistema de ecuaciones.

Bastaría ahora realizar todos los productos vectoriales, operar y plantear el sistema de doce ecuaciones con doce incógnitas.

PROBLEMA 3

El mecanismo de la figura consta de una horquilla que puede girar en torno a un eje vertical con $\dot{\psi}$. Conectado con la horquilla se tiene un brazo que articula respecto a ella, y finalmente, insertado en el brazo, se tiene un disco que rueda sin deslizar sobre el suelo gracias a un casquillo sin retención axial en el que se aplica un par motor. De los tres sólidos que tiene el sistema, sólo el disco tiene masa M, que además cumple la condición de movimiento $\dot{\varphi} = cte$.

Los datos geométricos del sistema se muestran en la figura.

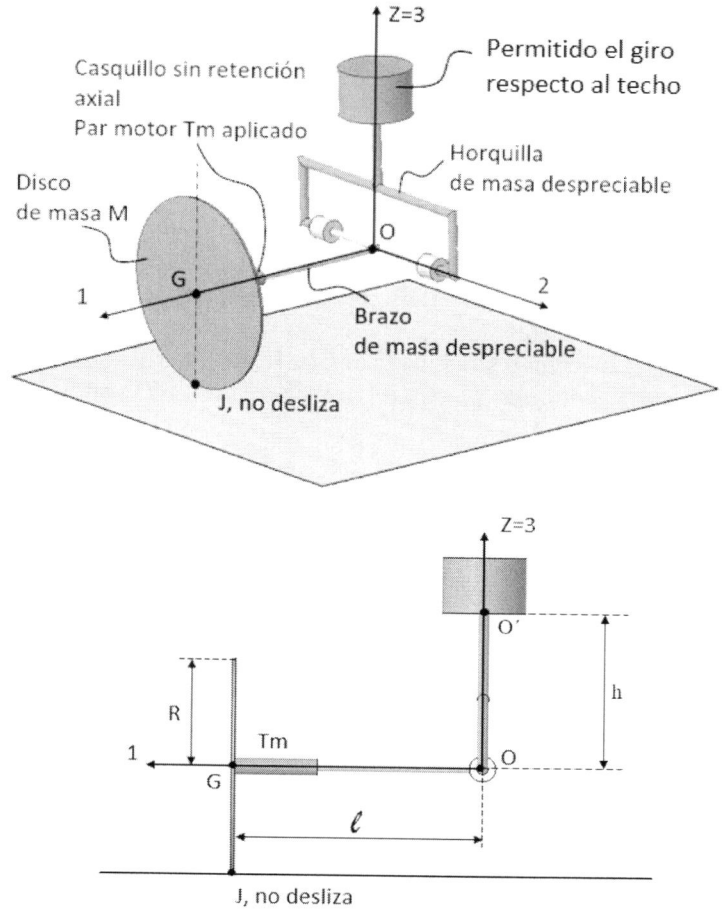

Utilizando los teoremas vectoriales, y conocidas las condiciones de movimiento del sistema, se pide calcular el valor del par motor T_m para que se cumplan dichas condiciones, además de las acciones de enlace que existen entre los diferentes elementos del sistema mecánico.

Paso previo: configurar la cadena de bases y seleccionar ejes de proyección para cada uno de los sólidos

$\bar{X}\bar{Y}\bar{Z}$	$(+)\psi$	$\bar{1}\bar{2}\bar{3}$	$\theta = 90º\ cte$	$\bar{1}\bar{2}\bar{3}$	$(+)\varphi$	$\bar{1}'\bar{2}'\bar{3}'$
Suelo-Techo	$\rightarrow$	Horquilla	$\rightarrow$	Brazo	$\rightarrow$	Disco
Base fija	$Z=3$	Base móvil		Base móvil	$1=1'$	Base móvil

De los sólidos que se tienen en el problema:
- La horquilla y el brazo tienen masa despreciable, por lo que cualesquiera de los ejes de proyección son válidos para estos dos sólidos.
- El disco tiene masa M, y aunque sus ejes solidarios son $\bar{1}'\bar{2}'\bar{3}'$, al tratarse de un rotor simétrico según la dirección $1=1'$ y respecto al centro, serán también válidos los ejes $\bar{1}\bar{2}\bar{3}$ para trabajar este sólido.

Paso 1: análisis cinemático, que a su vez tiene dos partes.
  a) Coordenadas y velocidades generalizadas, ecuaciones de enlace y los grados de libertad.

Ahora se deberá orientar y situar cada uno de los sólidos del sistema intentando hacerlo con el mínimo número de parámetros para simplificar la búsqueda de las ecuaciones de enlace.

Sólido	HORQUILLA	BRAZO	DISCO
Situar con	O Es un punto fijo	O El punto O es compartido por horquilla y brazo	O, G, J Tanto O como G están en el eje de revolución del disco, por lo que ambos puntos son válidos. Se tomará O por ser fijo
Orientar con	ψ	ψ	ψ, φ

Tomando ahora de la tabla anterior el mínimo número de parámetros que sitúan y orientan todo el sistema mecánico se tiene:

Coordenadas generalizadas: $q = \psi, \varphi$

Velocidades generalizadas: $\dot{q} = \dot{\psi}, \dot{\varphi}$

En este problema se tiene rodadura sin deslizamiento, por lo que habrá que calcular ecuaciones de enlace.

En la rodadura entre suelo y disco se cumple:

$$[\bar{v}_{abs}(J)]_{disco} = [\bar{v}_{abs}(J)]_{suelo}$$

Se aplicará la cinemática de sólido rígido en los ejes $\overline{1}\,\overline{2}\,\overline{3}$ tal que

$$\{\bar{v}_{abs}(O)\}_{123} = \{\bar{v}_{abs}(J)\}_{123} + \{\bar{\Omega}_{abs}(disco)x\overline{JO}\}_{123} \text{ con } O, J \epsilon \, disco$$

ya que la velocidad absoluta de O también es conocida. Entonces,

$$\begin{bmatrix} 0 \\ 0 \\ 0 \end{bmatrix}_{123} = \begin{bmatrix} 0 \\ 0 \\ 0 \end{bmatrix}_{123} + \begin{bmatrix} \dot\varphi \\ 0 \\ \dot\psi \end{bmatrix}_{123} x \begin{bmatrix} -l \\ 0 \\ R \end{bmatrix}_{123} = \begin{bmatrix} 0 \\ -\dot\psi R - \dot\varphi l \\ 0 \end{bmatrix}_{123}$$

donde

$$\{\bar{\Omega}_{abs}(disco)\}_{123} = \begin{bmatrix} \dot\varphi \\ 0 \\ \dot\psi \end{bmatrix}_{123} \quad y \quad \{\overline{JO}\}_{123} = \begin{bmatrix} -l \\ 0 \\ R \end{bmatrix}_{123}$$

La ecuación de enlace queda:

$$\dot\psi = -\dot\varphi \frac{R}{l}$$

Es decir, se tiene un grado de libertad, el correspondiente al giro en la vertical de la horquilla, que implica la velocidad angular del disco que va rondando sin deslizar por el suelo.

    b) Aceleración absoluta de los centros de masas de todos los sólidos con masa y la velocidad angular absoluta de todos los sólidos con masa.

El único sólido con masa es el disco, cuyos ejes válidos son $\overline{1}\,\overline{2}\,\overline{3}$ y $\overline{1}'\overline{2}'\overline{3}'$ por ser rotor simétrico según la dirección $1=1'$ pasando por el centro del disco. Se va a trabajar en $\overline{1}\,\overline{2}\,\overline{3}$ y se calculará por tanto la aceleración absoluta del centro de gravedad en estos ejes. Para ello se calculará la velocidad absoluta de G mediante cinemática del sólido rígido y posteriormente se derivará en la base móvil.

$$\bar{v}_{abs}(G) = \bar{v}_{abs}(O) + \bar{\Omega}_{abs}(disco)x\overline{OG} \text{ con } O, G \epsilon \, disco$$

$$\{\bar{v}_{abs}(G)\}_{123} = \begin{bmatrix} 0 \\ 0 \\ 0 \end{bmatrix}_{123} + \begin{bmatrix} 0 \\ 0 \\ \dot{\psi} \end{bmatrix}_{123} x \begin{bmatrix} l \\ 0 \\ 0 \end{bmatrix}_{123} = \begin{bmatrix} 0 \\ \dot{\psi}l \\ 0 \end{bmatrix}_{123}$$

$$\{\bar{\gamma}_{abs}(G)\}_{123} = \frac{d}{dt}\{\bar{v}_{abs}(G)\}_{123} + \{\bar{\Omega}_{abs}(123)x\bar{v}_{abs}(G)\}_{123} = \begin{bmatrix} \gamma_1 \\ \gamma_2 \\ \gamma_3 \end{bmatrix}_{123}$$

$$\{\bar{\gamma}_{abs}(G)\}_{123} = \frac{d}{dt}\begin{bmatrix} 0 \\ \dot{\psi}l \\ 0 \end{bmatrix}_{123} + \begin{bmatrix} 0 \\ 0 \\ \dot{\psi} \end{bmatrix}_{123} x \begin{bmatrix} 0 \\ \dot{\psi}l \\ 0 \end{bmatrix}_{123} = \begin{bmatrix} -\dot{\psi}^2 l \\ \ddot{\psi}l \\ 0 \end{bmatrix}_{123}$$

Como ya se ha visto, la velocidad angular del disco, único sólido con masa es

$$\{\bar{\Omega}_{abs}(disco)\}_{123} = \begin{bmatrix} \dot{\varphi} \\ 0 \\ \dot{\psi} \end{bmatrix}_{123}$$

Paso 2: analizar todas las acciones verdaderas sobre cada sólido, es decir, activas y pasivas.

Horquilla → Indiferente (sin masa) Se decide trabajar en $\overline{123}$	Brazo → Indiferente (sin masa) Se decide trabajar en $\overline{123}$	Disco → Rotor simétrico Se decide trabajar en $\overline{123}$
Esquema indicando el número y ubicación de los enlaces para cada sólido		
Dos contactos → dos torsores, en O y O′	Dos contactos → dos torsores, en O y G	Dos contactos → dos torsores, en G y J
Acciones activas		
Gravedad: NO	Gravedad: NO	Gravedad: SI $\begin{bmatrix} 0 \\ 0 \\ -Mg \end{bmatrix}_{123}$
Rozamiento: NO	Rozamiento: NO	Rozamiento: NO

Muelle: NO	Muelle: NO	Muelle: NO
Amortiguador: NO	Amortiguador: NO	Amortiguador: NO
Motor: NO	Motor: SI (reacción motor al brazo) $\begin{bmatrix} -T_m \\ 0 \\ 0 \end{bmatrix}_{123}$ $\leftrightarrow$	Motor: SI (acción motor al disco) $\begin{bmatrix} T_m \\ 0 \\ 0 \end{bmatrix}_{123}$
Cilindro hidráulico: NO	Cilindro hidráulico: NO	Cilindro hidráulico: NO
	Acciones pasivas	
Torsor en O′ horquilla-techo: Desaparecen todos los demás sólidos y se analiza el contacto como si los sólidos descartados no existieran. Se analiza el movimiento en $\overline{123}$. Según las direcciones $\overline{123}$, la horquilla no puede desplazarse respecto al techo en ninguna de ellas → Las tres fuerzas distintas de cero. Según las direcciones $\overline{123}$, la horquilla solo puede girar según la dirección Z=3 → momento en dirección 3 nulo.	Torsor en G brazo-disco: Desaparecen todos los demás sólidos y se analiza el contacto como si los sólidos descartados no existieran. Se analiza el movimiento en $\overline{123}$. Según las direcciones $\overline{123}$, el brazo no puede desplazarse respecto al disco en dirección 2 y 3, pero si en 1 por casquillo sin retención axial → Fuerzas en 2 y 3 distintas de cero y distintas a las anteriores. Según las direcciones $\overline{123}$, el brazo solo puede girar según la dirección 1 respecto al disco→ momento en dirección 1 nulo, y los otros dos distintos de cero.	Torsor disco-brazo: Este torsor es la reacción del torsor en G brazo-disco
$\{J(O')\}_{123}$ $= \begin{bmatrix} \begin{bmatrix} F'_1 \\ F'_2 \\ F'_3 \end{bmatrix} ; \begin{bmatrix} M'_1 \\ M'_2 \\ 0 \end{bmatrix} \end{bmatrix}_{123}$ ← La reacción de este torsor va al techo	$\{J(G)\}_{123}$ $= \begin{bmatrix} \begin{bmatrix} 0 \\ F''_2 \\ F''_3 \end{bmatrix} ; \begin{bmatrix} 0 \\ M''_2 \\ M''_3 \end{bmatrix} \end{bmatrix}_{123}$ La reacción de este torsor va al disco $\leftrightarrow$	$\{J(G)\}_{123}$ $= \begin{bmatrix} \begin{bmatrix} 0 \\ -F''_2 \\ -F''_3 \end{bmatrix} ; \begin{bmatrix} 0 \\ -M''_2 \\ -M''_3 \end{bmatrix} \end{bmatrix}_{123}$ La reacción de este torsor va al brazo

Torsor en O horquilla-brazo: Desaparecen todos los demás sólidos y se analiza el contacto como si los sólidos descartados no existieran.

Se analiza el movimiento en los ejes $\overline{123}$.

La horquilla no puede desplazarse respecto al brazo en ninguna dirección → Fuerzas distintas de cero, y distintas de las anteriores

Según las direcciones $\overline{123}$, la horquilla solo puede girar según la dirección 2 respecto al brazo → momento en dirección 2 nulo, y los otros dos distintos de cero, y distintos de los anteriores

Torsor brazo-horquilla: Este torsor es la reacción del torsor en O horquilla-brazo

$$\{J(O)\}_{123} = \left[\begin{bmatrix} F_1 \\ F_2 \\ F_3 \end{bmatrix} ; \begin{bmatrix} M_1 \\ 0 \\ M_3 \end{bmatrix} \right]_{123}$$

La reacción de este torsor va al brazo

$\leftrightarrow$

$$\{J(O)\}_{123} = \left[\begin{bmatrix} -F_1 \\ -F_2 \\ -F_3 \end{bmatrix} ; \begin{bmatrix} -M_1 \\ 0 \\ -M_3 \end{bmatrix} \right]_{123}$$

La reacción de este torsor va a la horquilla

Torsor en J disco-suelo: Desaparecen todos los demás sólidos y se analiza el contacto como si los sólidos descartados no existieran.

Se analiza el movimiento en los ejes $\overline{123}$.

El disco no puede desplazarse respecto al suelo en ninguna dirección → Fuerzas distintas de cero, y distintas de las anteriores

Contacto puntual → Los momentos en las tres direcciones son nulos

$$\{U(J)\}_{123}$$

$$= \left[\begin{bmatrix} F_1^* \\ F_2^* \\ F_3^* \end{bmatrix} ; \begin{bmatrix} 0 \\ 0 \\ 0 \end{bmatrix} \right]_{123}$$

La reacción de este torsor $\rightarrow$
va al suelo

Paso 3: hacer balance de ecuaciones e incógnitas.

Diecisiete incógnitas del problema debidas a enlace: F'_1, F'_2, F'_3, M'_1, M'_2, F_1, F_2, F_3, M_1, M_3, F''_2, F''_3, M''_2, M''_3, F^*_1, F^*_2, F^*_3

Se añade una incógnita más al problema debida a grados de libertad. Dado que se conoce la ecuación del movimiento $\dot{\varphi} = cte$, la incógnita pasa a ser el par motor T_m, que provoca el movimiento del sistema.

En total dieciocho incógnitas a resolver mediante sistema de dieciocho ecuaciones (3 sólidos x 2 teoremas x 3 componentes)

Paso 4: aplicar el TCM a cada sólido del sistema, siempre en el centro de masas.

$$\sum_{sólido} \bar{F}_{ext}(P) = m\bar{\gamma}_{abs}(G)$$

Para la horquilla

$$\begin{bmatrix} F'_1 \\ F'_2 \\ F'_3 \end{bmatrix}_{123} + \begin{bmatrix} F_1 \\ F_2 \\ F_3 \end{bmatrix}_{123} = \bar{0}$$

Para el brazo

$$\begin{bmatrix} 0 \\ F''_2 \\ F''_3 \end{bmatrix}_{123} + \begin{bmatrix} -F_1 \\ -F_2 \\ -F_3 \end{bmatrix}_{123} = \bar{0}$$

Para el disco

$$\begin{bmatrix} 0 \\ 0 \\ -Mg \end{bmatrix}_{123} + \begin{bmatrix} 0 \\ -F''_2 \\ -F''_3 \end{bmatrix}_{123} + \begin{bmatrix} F_1^* \\ F_2^* \\ F_3^* \end{bmatrix}_{123} = m \begin{bmatrix} -\dot{\psi}^2 l \\ \ddot{\psi} l \\ 0 \end{bmatrix}_{123}$$

Paso 5: aplicar el TMC a cada sólido del sistema.

$$\dot{\bar{H}}_B = \sum_{sólido} \bar{M}_{ext}(B) - \overline{BG}x(m\bar{\gamma}_{abs}(B))$$

Para la horquilla, y aplicando momentos en O (se escoge un punto sencillo, dado que en este caso el sólido tiene masa despreciable)

$$\bar{0} = \sum_{sólido} \bar{M}_{ext}(O)$$

Por tanto, y teniendo en cuenta los momentos y que las fuerzas en O′ provocan momento en O,

$$\begin{bmatrix} M'_1 \\ M'_2 \\ 0 \end{bmatrix}_{123} + \overline{OO'}x \begin{bmatrix} F'_1 \\ F'_2 \\ F'_3 \end{bmatrix}_{123} + \begin{bmatrix} M_1 \\ 0 \\ M_3 \end{bmatrix}_{123} = \bar{0}$$

con $\{\overline{OO'}\}_{123} = \begin{bmatrix} 0 \\ 0 \\ h \end{bmatrix}_{123}$

Para el brazo, y aplicando momentos en O (se escoge un punto sencillo, dado que en este caso el sólido tiene masa despreciable)

$$\bar{0} = \sum_{sólido} \bar{M}_{ext}(O)$$

Por tanto, y teniendo en cuenta los momentos y que las fuerzas en G provocan momento en O,

$$\begin{bmatrix} -T_m \\ 0 \\ 0 \end{bmatrix}_{123} + \begin{bmatrix} 0 \\ M''_2 \\ M''_3 \end{bmatrix}_{123} + \overline{OG}x \begin{bmatrix} 0 \\ F''_2 \\ F''_3 \end{bmatrix}_{123} + \begin{bmatrix} -M_1 \\ 0 \\ -M_3 \end{bmatrix}_{123} = \bar{0}$$

con $\{\overline{OG}\}_{123} = \begin{bmatrix} l \\ 0 \\ 0 \end{bmatrix}_{123}$

Para el disco, del que se conoce el tensor de inercia en G por ser rotor simétrico según la dirección 1:

$$\left[\bar{\bar{I}}_G\right]_{123} = \begin{bmatrix} I' & 0 & 0 \\ 0 & I & 0 \\ 0 & 0 & I \end{bmatrix}_{123}$$

se toman momentos en G

$$\dot{\bar{H}}_G = \sum_{sólido} \bar{M}_{ext}(G) - \overline{GG} x\left(m\bar{\gamma}_{abs}(G)\right)$$

$$\frac{d}{dt}\left\{\left[\bar{\bar{I}}_G\right]_{123}\bar{\Omega}_{abs}(disco)\right\}_{123} + \left\{\bar{\Omega}_{abs}(123)x\left(\left[\bar{\bar{I}}_G\right]_{123}\bar{\Omega}_{abs}(disco)\right)\right\}_{123} = \sum_{sólido}\bar{M}_{ext}(G)$$

$$\frac{d}{dt}\left(\begin{bmatrix} I' & 0 & 0 \\ 0 & I & 0 \\ 0 & 0 & I \end{bmatrix}_{123}\begin{bmatrix} \dot{\varphi} \\ 0 \\ \dot{\psi} \end{bmatrix}_{123}\right) + \begin{bmatrix} 0 \\ 0 \\ \dot{\psi} \end{bmatrix}_{123} x\left(\begin{bmatrix} I' & 0 & 0 \\ 0 & I & 0 \\ 0 & 0 & I \end{bmatrix}_{123}\begin{bmatrix} \dot{\varphi} \\ 0 \\ \dot{\psi} \end{bmatrix}_{123}\right) = \sum_{sólido}\bar{M}_{ext}(G)$$

$$\frac{d}{dt}\begin{bmatrix} I'\dot{\varphi} \\ 0 \\ I\dot{\psi} \end{bmatrix}_{123} + \begin{bmatrix} 0 \\ 0 \\ \dot{\psi} \end{bmatrix}_{123} x \begin{bmatrix} I'\dot{\varphi} \\ 0 \\ I\dot{\psi} \end{bmatrix}_{123} = \begin{bmatrix} I'\ddot{\varphi} \\ I\dot{\psi}\dot{\varphi} \\ I\ddot{\psi} \end{bmatrix}_{123} = \sum_{sólido}\bar{M}_{ext}(G)$$

siendo

$$\sum_{sólido}\bar{M}_{ext}(G) = \begin{bmatrix} I'\ddot{\varphi} \\ I\dot{\psi}\dot{\varphi} \\ I\ddot{\psi} \end{bmatrix}_{123} = \begin{bmatrix} T_m \\ 0 \\ 0 \end{bmatrix}_{123} + \begin{bmatrix} 0 \\ -M''_2 \\ -M''_3 \end{bmatrix}_{123} + \begin{bmatrix} 0 \\ 0 \\ 0 \end{bmatrix}_{123} + \overline{GJ}x\begin{bmatrix} F_1^* \\ F_2^* \\ F_3^* \end{bmatrix}_{123}$$

con $\{\overline{GJ}\}_{123} = \begin{bmatrix} 0 \\ 0 \\ -R \end{bmatrix}_{123}$

Paso 6: analizar el modelo matemático conformado por el sistema de ecuaciones.

Bastaría ahora realizar todos los productos vectoriales, operar y plantear el sistema de dieciocho ecuaciones con dieciocho incógnitas.

Sugerencia de trabajo adicional: Si el ángulo θ entre el brazo y la horquilla dejara de ser constante, ¿cuál es la condición que debería darse para que el disco comience a despegar del suelo?

Para resolver esta segunda parte del problema:
-   Se debe considerar $\dot{\theta} \neq 0$, por lo que la cinemática cambia
-   Se deben reconsiderar los torsores

PROBLEMA 4

El vehículo de la figura se encuentra en movimiento sobre un plano horizontal. Se compone de un conjunto chasis-operaria de masa m, una rueda delgada de radio R y masa despreciable y un utillaje pisador de superficie plana, cuya masa también se considera despreciable frente a la del chasis-operaria, deslizando sobre el suelo.

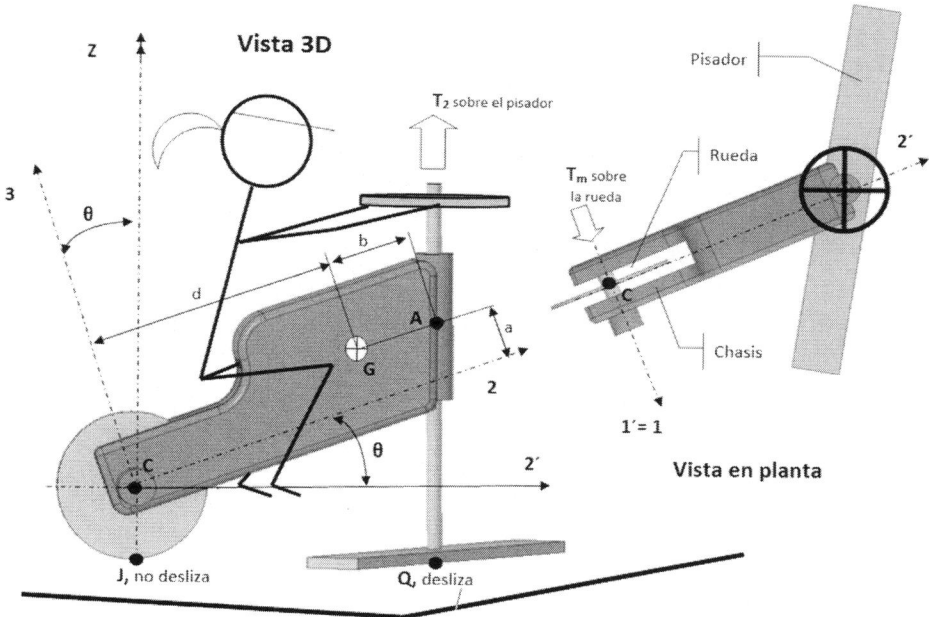

En su movimiento, la rueda no desliza, se une al chasis con un casquillo y es accionada por un motor de par T_m constante y conocido, estando su carcasa soldada al chasis. Por su parte, el pisador articula con el chasis mediante un casquillo sin retención axial, aplicando la operaria sentada en el chasis un par T_2 al volante superior para su manejo.

Aplicando los Teoremas Vectoriales, se pide plantear el modelo matemático de simulación del movimiento del sistema mecánico que permitiría obtener:
- La ecuación o ecuaciones de movimiento
- Las acciones de enlace entre el chasis y el pisador, así como en el punto J de contacto de la rueda con el suelo

Nota: se conoce cualitativamente el tensor de inercia del chasis en el punto A, dado por:

$$\left(\bar{\bar{I}}_A\right)_{123} = \begin{pmatrix} I_1 & 0 & 0 \\ 0 & I_2 & A \\ 0 & A & I_3 \end{pmatrix}_{123}$$

Paso previo: configurar la cadena de bases y seleccionar ejes de proyección para cada uno de los sólidos

$\bar{X}\bar{Y}\bar{Z}$	$(+)\psi_1$	$\bar{1}'\bar{2}'\bar{3}'$	$(+)\theta cte$	$\bar{1}\bar{2}\bar{3}$
Suelo	$\rightarrow$	Giro en Z del chasis	$\rightarrow$	Chasis
Base fija	$Z=3'$	Base móvil	$1'=1$	Base móvil
			$(+)\varphi$	$\bar{e}_1\bar{e}_2\bar{e}_3$
			$\rightarrow$	Rueda
			$1'=e_1$	Base móvil
			$(+)\psi_2$	$\bar{1}''\,\bar{2}''\,\bar{3}''$
			$\rightarrow$	Pisador
			$3'=3''$	Base móvil

De los sólidos que se tienen en el problema:
- La rueda y el pisador tienen masa despreciable, por lo que cualesquiera de los ejes de proyección son válidos para estos dos sólidos.
- El chasis con la operaria (se trabajan en conjunto) tiene masa m, y sus ejes solidarios son $\bar{1}\bar{2}\bar{3}$. Dichos ejes son en los que se facilita el tensor de inercia en el punto A:

$$\left[\bar{\bar{I}}_A\right]_{123} = \begin{bmatrix} I_1 & 0 & 0 \\ 0 & I_2 & A \\ 0 & A & I_3 \end{bmatrix}_{123}$$

Paso 1: análisis cinemático, que a su vez tiene dos partes.
   a) Coordenadas y velocidades generalizadas, ecuaciones de enlace y los grados de libertad.

Ahora se deberá orientar y situar cada uno de los sólidos del sistema intentando hacerlo con el mínimo número de parámetros para simplificar la búsqueda de las ecuaciones de enlace.

Sólido	CHASIS+OPERARIA	RUEDA	PISADOR
Situar con	G, C, A De los tres puntos se escoge G, en el que son variables las coordenadas x e y, y se mantiene constante la z.	C, J El punto C es compartido por chasis y rueda. Al estar el chasis situado y orientado, también lo está la rueda. Nunca coger J al ser una posición particular	Q, A El punto A es compartido por chasis y pisador. Al estar el chasis situado y orientado, también lo está el pisador.
Orientar con	ψ_1	φ, ψ_1	ψ_1, ψ_2

Tomando ahora de la tabla anterior el mínimo número de parámetros que sitúan y orientan todo el sistema mecánico se tiene:

Coordenadas generalizadas: $q = \psi_1, \psi_2, \varphi, x_G, y_G$

Velocidades generalizadas: $\dot{q} = \dot{\psi}_1, \dot{\psi}_2, \dot{\varphi}, \dot{x}_G, \dot{y}_G$

En este problema se tiene rodadura sin deslizamiento, por lo que habrá que calcular ecuaciones de enlace.

En la rodadura entre suelo y rueda se cumple:

$$[\bar{v}_{abs}(J)]_{suelo} = [\bar{v}_{abs}(J)]_{rueda}$$

Como el suelo tiene velocidad nula, se cumplirá que

$$[\bar{v}_{abs}(J)]_{rueda} = \bar{0}$$

Se aplicará la cinemática de sólido rígido en los ejes $\overline{123}$ a la rueda, conocida la velocidad de J tal que

$$\bar{v}_{abs}(C) = \bar{v}_{abs}(J) + \bar{\Omega}_{abs}(rueda) x \overline{JC} \text{ con } C, J \epsilon \text{ rueda}$$

y también al chasis para obtener la velocidad de C conocida la velocidad de G

$$\bar{v}_{abs}(C) = \bar{v}_{abs}(G) + \bar{\Omega}_{abs}(chasis) x \overline{GC} \text{ con } C, G \epsilon \text{ chasis}$$

para posteriormente igualar.

Entonces

$$\{\bar{v}_{abs}(C)\}_{123} = \begin{bmatrix} 0 \\ 0 \\ 0 \end{bmatrix}_{123} + \begin{bmatrix} \dot{\varphi} \\ \dot{\psi}_1 sen\theta \\ \dot{\psi}_1 cos\theta \end{bmatrix}_{123} \quad x \begin{bmatrix} 0 \\ Rsen\theta \\ Rcos\theta \end{bmatrix}_{123} = \begin{bmatrix} 0 \\ -\dot{\varphi}Rcos\theta \\ \dot{\varphi}Rsen\theta \end{bmatrix}_{123}$$

$$\text{con } \{\bar{\Omega}_{abs}(rueda)\}_{123} = \begin{bmatrix} \dot{\varphi} \\ \dot{\psi}_1 sen\theta \\ \dot{\psi}_1 cos\theta \end{bmatrix}_{123} \quad \text{y } \{\overline{JC}\}_{123} = \begin{bmatrix} 0 \\ Rsen\theta \\ Rcos\theta \end{bmatrix}_{123}$$

y

$$\{\bar{v}_{abs}(C)\}_{123} = \begin{bmatrix} \dot{x}_G cos\psi_1 + \dot{y}_G sen\psi_1 \\ (-\dot{x}_G sen\psi_1 + \dot{y}_G cos\psi_1)cos\theta \\ (\dot{x}_G sen\psi_1 - \dot{y}_G cos\psi_1)sen\theta \end{bmatrix}_{123} + \begin{bmatrix} 0 \\ \dot{\psi}_1 sen\theta \\ \dot{\psi}_1 cos\theta \end{bmatrix}_{123} \quad x \begin{bmatrix} 0 \\ -d \\ -a \end{bmatrix}_{123} =$$

$$= \begin{bmatrix} \dot{x}_G cos\psi_1 + \dot{y}_G sen\psi_1 - a\dot{\psi}_1 sen\theta + d\dot{\psi}_1 cos\theta \\ (-\dot{x}_G sen\psi_1 + \dot{y}_G cos\psi_1)cos\theta \\ (\dot{x}_G sen\psi_1 - \dot{y}_G cos\psi_1)sen\theta \end{bmatrix}_{123}$$

$$\text{con } \{\bar{\Omega}_{abs}(chasis)\}_{123} = \begin{bmatrix} 0 \\ \dot{\psi}_1 sen\theta \\ \dot{\psi}_1 cos\theta \end{bmatrix}_{123} , \{\overline{GC}\}_{123} = \begin{bmatrix} 0 \\ -d \\ -a \end{bmatrix}_{123} \quad \text{y}$$

$$\bar{v}_{abs}(G) = \begin{bmatrix} \dot{x}_G \\ \dot{y}_G \\ 0 \end{bmatrix}_{123} = \begin{bmatrix} \dot{x}_G cos\psi_1 + \dot{y}_G sen\psi_1 \\ -\dot{x}_G sen\psi_1 + \dot{y}_G cos\psi_1 \\ 0 \end{bmatrix}_{123} = \begin{bmatrix} \dot{x}_G cos\psi_1 + \dot{y}_G sen\psi_1 \\ (-\dot{x}_G sen\psi_1 + \dot{y}_G cos\psi_1)cos\theta \\ (\dot{x}_G sen\psi_1 - \dot{y}_G cos\psi_1)sen\theta \end{bmatrix}_{123}$$

Finalmente se obtienen tres igualdades, pero al ser dos de ellas iguales, en realidad se tienen 2 ecuaciones de enlace,

$$0 = \dot{x}_G cos\psi_1 + \dot{y}_G sen\psi_1 - a\dot{\psi}_1 sen\theta + d\dot{\psi}_1 cos\theta$$

$$-\dot{\varphi}Rcos\theta = (-\dot{x}_G sen\psi_1 + \dot{y}_G cos\psi_1)cos\theta$$

$$\dot{\varphi}Rsen\theta = (\dot{x}_G sen\psi_1 - \dot{y}_G cos\psi_1)sen\theta$$

Iguales

que finalmente dan lugar a dos grados de libertad en el sistema mecánico, o lo que es lo mismo, la necesidad de tres accionamientos. Uno sería para la rueda, y otro para el pisador, y por último se tendría el giro en la vertical del conjunto chasis-operaria.

b) Aceleración absoluta de los centros de masas de todos los sólidos con masa y la velocidad angular absoluta de todos los sólidos con masa.

El único sólido con masa es el conjunto chasis-operaria, que se trabajará en los ejes $\overline{1}\overline{2}\overline{3}$ ya que en ellos se da el tensor de inercia. Para calcular la aceleración absoluta de G, bastará derivar la velocidad absoluta de G que se ha calculado en el apartado anterior, utilizando la velocidad angular de la base $\overline{1}\overline{2}\overline{3}$, que es coincidente con la vista anteriormente del chasis.

$$\{\bar{\gamma}_{abs}(G)\}_{123} = \frac{d}{dt}\{\bar{v}_{abs}(G)\}_{123} + \{\overline{\Omega}_{abs}(123)x\bar{v}_{abs}(G)\}_{123} = \begin{bmatrix} \gamma_1 \\ \gamma_2 \\ \gamma_3 \end{bmatrix}_{123}$$

$$\{\bar{\gamma}_{abs}(G)\}_{123} = \frac{d}{dt}\begin{bmatrix} \dot{x}_G cos\psi_1 + \dot{y}_G sen\psi_1 \\ (-\dot{x}_G sen\psi_1 + \dot{y}_G cos\psi_1)cos\theta \\ (\dot{x}_G sen\psi_1 - \dot{y}_G cos\psi_1)sen\theta \end{bmatrix}_{123} +$$

$$+ \begin{bmatrix} 0 \\ \dot{\psi}_1 sen\theta \\ \dot{\psi}_1 cos\theta \end{bmatrix}_{123} x \begin{bmatrix} \dot{x}_G cos\psi_1 + \dot{y}_G sen\psi_1 \\ (-\dot{x}_G sen\psi_1 + \dot{y}_G cos\psi_1)cos\theta \\ (\dot{x}_G sen\psi_1 - \dot{y}_G cos\psi_1)sen\theta \end{bmatrix}_{123}$$

Esta aceleración se dejará indicada según el vector

$$\{\bar{\gamma}_{abs}(G)\}_{123} = \begin{bmatrix} \gamma_1 \\ \gamma_2 \\ \gamma_3 \end{bmatrix}_{123}$$

después de haber realizado todas las operaciones.

Como ya se ha visto, la velocidad angular del chasis, único sólido con masa es

$$\{\overline{\Omega}_{abs}(chasis)\}_{123} = \begin{bmatrix} 0 \\ \dot{\psi}_1 sen\theta \\ \dot{\psi}_1 cos\theta \end{bmatrix}_{123}$$

Paso 2: analizar todas las acciones verdaderas sobre cada sólido, es decir, activas y pasivas.

Chasis → Ejes solidarios $\overline{123}$	Pisador → Indiferente (sin masa) Se decide trabajar en $\overline{1'2'3'}$	Rueda → Indiferente (sin masa) Se decide trabajar en $\overline{123}$
Esquema indicando el número y ubicación de los enlaces para cada sólido		
Dos contactos → dos torsores, en C y A	Dos contactos → dos torsores, en A y Q	Dos contactos → dos torsores, en C y J
Acciones activas		
Gravedad: SI $$\begin{bmatrix} 0 \\ -mgsen\theta \\ -mgcos\theta \end{bmatrix}_{123}$$	Gravedad: NO	Gravedad: NO
Rozamiento: NO	Rozamiento: NO	Rozamiento: NO
Muelle: NO	Muelle: NO	Muelle: NO
Amortiguador: NO	Amortiguador: NO	Amortiguador: NO
Motor: SI (reacción del motor al chasis y reacción pisador a través de la operaria al chasis) $$\begin{bmatrix} -T_m \\ -T_2 sen\theta \\ -T_2 cos\theta \end{bmatrix}_{123}$$ ↔	Motor: SI (acción chasis a través de la operaria al pisador) $$\begin{bmatrix} 0 \\ 0 \\ T_2 \end{bmatrix}_{1'2'3'} = \begin{bmatrix} 0 \\ T_2 sen\theta \\ T_2 cos\theta \end{bmatrix}_{123}$$	Motor: SI (acción del motor a la rueda) $$\begin{bmatrix} T_m \\ 0 \\ 0 \end{bmatrix}_{123}$$
Cilindro hidráulico: NO	Cilindro hidráulico: NO	Cilindro hidráulico: NO
Acciones pasivas		
Torsor en A chasis-pisador: Este torsor es la reacción del torsor en A pisador-chasis, pero como el chasis se trabaja en los ejes $\overline{123}$, , y para el pisador se ha calculado en $\overline{1'2'3'}$, es necesario proyectarlo	Torsor en A pisador-chasis: Desaparecen todos los demás sólidos y se analiza el contacto como si los sólidos descartados no existieran.	Torsor en J rueda-suelo: Desaparecen todos los demás sólidos y se analiza el contacto como si los sólidos descar-tados no existieran. Se analiza el movimiento en los ejes $\overline{123}$.

Se analiza el movimiento en $\overline{1'2'3'}$, ejes elegidos para el pisador y en los que es fácil ver el movimiento. El pisador no se puede mover respecto al chasis en las direcciones 1' y 2', por lo que solo hay fuerza nula en 3'. Además, el pisador solo puede girar respecto al chasis en la dirección 3', la única en la que el momento será nulo

La disco no puede desplazarse respecto al suelo en ninguna dirección → Fuerzas distintas de cero, y distintas de las anteriores. Contacto puntual → Los momentos en las tres direcciones son nulos

$$\{J(A)\}_{1'2'3'} = \left[\begin{bmatrix} F_1 \\ F_2 \\ 0 \end{bmatrix} ; \begin{bmatrix} M_1 \\ M_2 \\ 0 \end{bmatrix}\right]_{1'2'3'}$$

La reacción de este torsor va al pisador

$\leftrightarrow$

$$\{J(A)\}_{1'2'3'} = \left[\begin{bmatrix} -F_1 \\ -F_2 \\ 0 \end{bmatrix} ; \begin{bmatrix} -M_1 \\ -M_2 \\ 0 \end{bmatrix}\right]_{1'2'3'}$$

La reacción de este torsor va al chasis

$$\{J(J)\}_{123} = \left[\begin{bmatrix} F''_1 \\ F''_2 \\ F''_3 \end{bmatrix} ; \begin{bmatrix} 0 \\ 0 \\ 0 \end{bmatrix}\right]_{123}$$

La reacción de este torsor va al suelo

$\rightarrow$

$$\{J(A)\}_{123} = \left[\begin{bmatrix} F_1 \\ F_2 cos\theta \\ -F_2 sen\theta \end{bmatrix} ; \begin{bmatrix} M_1 \\ M_2 cos\theta \\ -M_2 sen\theta \end{bmatrix}\right]_{123}$$

Torsor en C chasis-rueda: Desaparecen todos los demás sólidos y se analiza el contacto como si los sólidos descartados no existieran. En los ejes $\overline{123}$. La rueda no puede desplazarse respecto al chasis en ninguna dirección → Fuerzas distintas de cero. La rueda solo puede girar según la dirección 1 respecto al chasis → momento en dirección 1 nulo, y los otros dos distintos de cero

Torsor en C rueda-chasis: Este torsor es la reacción del torsor en C chasis-rueda.

$\{J(C)\}_{123}$

$$= \begin{bmatrix} \begin{bmatrix} F'_1 \\ F'_2 \\ F'_3 \end{bmatrix} ; \begin{bmatrix} 0 \\ M'_2 \\ M'_3 \end{bmatrix} \end{bmatrix}_{123}$$

La reacción de este
torsor va a la rueda

$\{J(C)\}_{123}$

$$= \begin{bmatrix} \begin{bmatrix} -F'_1 \\ -F'_2 \\ -F'_3 \end{bmatrix} ; \begin{bmatrix} 0 \\ -M'_2 \\ -M'_3 \end{bmatrix} \end{bmatrix}_{123}$$

La reacción de este torsor
va al chasis

Torsor en Q pisador-suelo: Desaparecen todos los demás sólidos y se analiza el contacto como si los sólidos descartados no existieran.
Se analiza el movimiento en $\overline{1'}\overline{2'}\overline{3'}$, ejes elegidos para el pisador y en los que es fácil ver el movimiento.
El pisador se desplaza respecto al suelo en las direcciones 1´y 2´ → Fuerzas iguales a cero en estas direcciones y distinta de cero en la dirección 3´
El pisador puede girar respecto al suelo solo en la dirección 3 → Esta será la única dirección con momento nulo

$\{J(Q)\}_{1'2'3'}$

$$= \begin{bmatrix} \begin{bmatrix} 0 \\ 0 \\ F_3^* \end{bmatrix} ; \begin{bmatrix} M_1^* \\ M_2^* \\ 0 \end{bmatrix} \end{bmatrix}_{1'2'3'}$$

La reacción de este torsor
va al suelo

Paso 3: hacer balance de ecuaciones e incógnitas.

Quince incógnitas del problema debidas a enlace: F_1, F_2, M_1, M_2, F''_1, F''_2, F''_3, F'_1, F'_2, F'_3, M'_2, M'_3, F^*_3, M^*_1, M^*_2

Se cuentan tres incógnitas del problema debidas a grados de libertad. Dado que se conocen los momentos T_m y T_2 aplicados en el sistema mecánico, pasan a ser incógnitas las tres ecuaciones del movimiento.

En total dieciocho incógnitas a resolver mediante sistema de dieciocho ecuaciones (3 sólidos x 2 teoremas x 3 componentes)

Paso 4: aplicar el TCM a cada sólido del sistema, siempre en el ·centro de masas.

$$\sum_{sólido} \bar{F}_{ext}(P) = m\bar{\gamma}_{abs}(G)$$

Para el chasis

$$\begin{bmatrix} 0 \\ -mgsen\theta \\ -mgcos\theta \end{bmatrix}_{123} + \begin{bmatrix} F_1 \\ F_2cos\theta \\ -F_2sen\theta \end{bmatrix}_{123} + \begin{bmatrix} F'_1 \\ F'_2 \\ F'_3 \end{bmatrix}_{123} = m\begin{bmatrix} \gamma_1 \\ \gamma_2 \\ \gamma_3 \end{bmatrix}_{123}$$

Para el pisador

$$\begin{bmatrix} -F_1 \\ -F_2 \\ 0 \end{bmatrix}_{1'2'3'} + \begin{bmatrix} 0 \\ 0 \\ F_3^* \end{bmatrix}_{1'2'3'} = \bar{0}$$

Para la rueda

$$\begin{bmatrix} F''_1 \\ F''_2 \\ F''_3 \end{bmatrix}_{123} + \begin{bmatrix} -F'_1 \\ -F'_2 \\ -F'_3 \end{bmatrix}_{123} = \bar{0}$$

Paso 5: aplicar el TMC a cada sólido del sistema.

$$\bar{\bar{H}}_B = \sum_{sólido} \bar{M}_{ext}(B) - \overline{BG}x(m\bar{\gamma}_{abs}(B))$$

Para el chasis, del que se conoce el tensor de inercia en A:

$$[\bar{\bar{I}}_A]_{123} = \begin{bmatrix} I_1 & 0 & 0 \\ 0 & I_2 & A \\ 0 & A & I_3 \end{bmatrix}_{123}$$

se toman momentos en A

$$\bar{\bar{H}}_A = \sum_{sólido} \bar{M}_{ext}(A) - \overline{AG}x(m\bar{\gamma}_{abs}(A))$$

$$\frac{d}{dt}\left\{[\bar{\bar{I}}_A]_{123}\,\bar{\Omega}_{abs}(chasis)\right\}_{123} + \left\{\bar{\Omega}_{abs}(123)x\left([\bar{\bar{I}}_A]_{123}\,\bar{\Omega}_{abs}(chasis)\right)\right\}_{123} =$$

$$= \sum_{sólido} \bar{M}_{ext}(A) - \overline{AG}x\big(m\bar{\gamma}_{abs}(A)\big)$$

$$\frac{d}{dt}\left(\begin{bmatrix} I_1 & 0 & 0 \\ 0 & I_2 & A \\ 0 & A & I_3 \end{bmatrix}_{123} \begin{bmatrix} 0 \\ \dot{\psi}_1 sen\theta \\ \dot{\psi}_1 cos\theta \end{bmatrix}_{123}\right) +$$

$$+ \begin{bmatrix} 0 \\ \dot{\psi}_1 sen\theta \\ \dot{\psi}_1 cos\theta \end{bmatrix}_{123} x\left(\begin{bmatrix} I_1 & 0 & 0 \\ 0 & I_2 & A \\ 0 & A & I_3 \end{bmatrix}_{123} \begin{bmatrix} 0 \\ \dot{\psi}_1 sen\theta \\ \dot{\psi}_1 cos\theta \end{bmatrix}_{123}\right) =$$

$$= \sum_{sólido} \bar{M}_{ext}(G) - \overline{AG}x\big(m\bar{\gamma}_{abs}(A)\big)$$

$$\frac{d}{dt}\begin{bmatrix} 0 \\ I_2\dot{\psi}_1 sen\theta + A\dot{\psi}_1 cos\theta \\ A\dot{\psi}_1 sen\theta + I_3\dot{\psi}_1 cos\theta \end{bmatrix}_{123} + \begin{bmatrix} 0 \\ \dot{\psi}_1 sen\theta \\ \dot{\psi}_1 cos\theta \end{bmatrix}_{123} x \begin{bmatrix} 0 \\ I_2\dot{\psi}_1 sen\theta + A\dot{\psi}_1 cos\theta \\ A\dot{\psi}_1 sen\theta + I_3\dot{\psi}_1 cos\theta \end{bmatrix}_{123} =$$

$$= \begin{bmatrix} A\dot{\psi}_1^2(sen^2\theta - cos^2\theta) + \dot{\psi}_1^2 cos\theta sen\theta(I_3 - I_2) \\ I_2\ddot{\psi}_1 sen\theta + A\ddot{\psi}_1 cos\theta \\ A\ddot{\psi}_1 sen\theta + I_3\ddot{\psi}_1 cos\theta \end{bmatrix}_{123} =$$

$$= \sum_{sólido} \bar{M}_{ext}(G) - \overline{AG}x\big(m\bar{\gamma}_{abs}(A)\big)$$

siendo

$$\sum_{sólido} \bar{M}_{ext}(A) =$$

$$\overline{AG}x\begin{bmatrix} 0 \\ -mgsen\theta \\ -mgcos\theta \end{bmatrix}_{123} + \begin{bmatrix} -T_m \\ -T_2 sen\theta \\ -T_2 cos\theta \end{bmatrix}_{123} + \begin{bmatrix} M_1 \\ M_2 cos\theta \\ -M_2 sen\theta \end{bmatrix}_{123} + \begin{bmatrix} 0 \\ M'_2 \\ M'_3 \end{bmatrix}_{123} + \overline{AC}x\begin{bmatrix} F'_1 \\ F'_2 \\ F'_3 \end{bmatrix}_{123}$$

en donde las fuerzas en G y en C provocan momento en A. Los vectores $\overline{AG}$ y $\overline{AC}$ serán de la forma:

$$\{\overline{AG}\}_{123} = \begin{bmatrix} 0 \\ -b \\ 0 \end{bmatrix}_{123}$$

$$\{\overline{AC}\}_{123} = \begin{bmatrix} 0 \\ -(d+b) \\ -a \end{bmatrix}_{123}$$

Además, en este caso, hay que calcular por otro lado el término $\overline{AG}x\big(m\bar{\gamma}_{abs}(A)\big)$, para lo que es necesario obtener previamente la aceleración absoluta de A. Esta se calcular mediante el siguiente proceso:

$$\bar{v}_{abs}(A) = \bar{v}_{abs}(G) + \overline{\Omega}_{abs}(chasis)x\overline{GA} \text{ con } G, A\epsilon \text{ chasis}$$

$$\{\bar{v}_{abs}(A)\}_{123} = \begin{bmatrix} \dot{x}_G \cos\psi_1 + \dot{y}_G sen\psi_1 \\ (-\dot{x}_G sen\psi_1 + \dot{y}_G \cos\psi_1)\cos\theta \\ (\dot{x}_G sen\psi_1 - \dot{y}_G \cos\psi_1)sen\theta \end{bmatrix}_{123} + \begin{bmatrix} 0 \\ \dot\psi_1 sen\theta \\ \dot\psi_1 \cos\theta \end{bmatrix}_{123} x \begin{bmatrix} 0 \\ b \\ 0 \end{bmatrix}_{123}$$

$$\{\bar{\gamma}_{abs}(A)\}_{123} = \frac{d}{dt}\{\bar{v}_{abs}(A)\}_{123} + \{\overline{\Omega}_{abs}(123)x\bar{v}_{abs}(A)\}_{123} = \begin{bmatrix} \gamma_1^A \\ \gamma_2^A \\ \gamma_3^A \end{bmatrix}_{123}$$

Por tanto

$$\overline{AG}x\big(m\bar{\gamma}_{abs}(A)\big) = \begin{bmatrix} 0 \\ -b \\ 0 \end{bmatrix}_{123} x \left(m \begin{bmatrix} \gamma_1^A \\ \gamma_2^A \\ \gamma_3^A \end{bmatrix}_{123} \right)$$

Para el pisador, y aplicando momentos en A (se escoge un punto sencillo, dado que en este caso el sólido tiene masa despreciable)

$$\bar{0} = \sum_{sólido} \overline{M}_{ext}(A)$$

Teniendo en cuenta los momentos y que las fuerzas en Q provocan momento en A,

$$\begin{bmatrix} 0 \\ 0 \\ T_2 \end{bmatrix}_{1'2'3'} + \begin{bmatrix} -M_1 \\ -M_2 \\ 0 \end{bmatrix}_{1'2'3'} + \begin{bmatrix} M_1^* \\ M_2^* \\ 0 \end{bmatrix}_{1'2'3'} + \overline{AQ}x \begin{bmatrix} 0 \\ 0 \\ F_3^* \end{bmatrix}_{1'2'3'} = \bar{0}$$

con $\{\overline{AQ}\}_{1'2'3'} = \begin{bmatrix} 0 \\ 0 \\ -h \end{bmatrix}_{1'2'3'}$

Para la rueda, y aplicando momentos en C (se escoge un punto sencillo, dado que en este caso el sólido tiene masa despreciable)

$$\overline{0} = \sum_{s\acute{o}lido} \overline{M}_{ext}(C)$$

Por tanto, y teniendo en cuenta los momentos y que las fuerzas en J provocan momento en C,

$$\begin{bmatrix} T_m \\ 0 \\ 0 \end{bmatrix}_{123} + \begin{bmatrix} 0 \\ 0 \\ 0 \end{bmatrix}_{123} + \overline{CJ}x\begin{bmatrix} F''_1 \\ F''_2 \\ F''_3 \end{bmatrix}_{123} + \begin{bmatrix} 0 \\ -M_2 \\ -M_3 \end{bmatrix}_{123} = \overline{0}$$

con $\{\overline{CJ}\}_{123} = \begin{bmatrix} 0 \\ -Rsen\theta \\ -Rcos\theta \end{bmatrix}_{123}$

Paso 6: analizar el modelo matemático conformado por el sistema de ecuaciones.

Bastaría ahora realizar todos los productos vectoriales, operar y plantear el sistema de dieciocho ecuaciones con dieciocho incógnitas. Para este problema en concreto, se piden las ecuaciones del movimiento y las acciones de enlace entre chasis y pisador, y en el punto de contacto J de la rueda con el suelo, es decir: F_1, F_2, M_1, M_2, F''_1, F''_2 y F''_3

PROBLEMA 5

Grúa con plataforma [2]

El sistema mecánico, inspirado en un camión de asistencia, se compone de: un chasis que desliza libremente sobre el suelo horizontal; una plataforma articulada con el chasis gracias al eje que pasa por C y que gira por efecto de un motor de par conocido T_m; y un bloque pesado, que asciende por la plataforma deslizando por una guía, y que es accionado por un cilindro hidráulico que tira de él, ejerciendo una fuerza de valor F_h conocido.

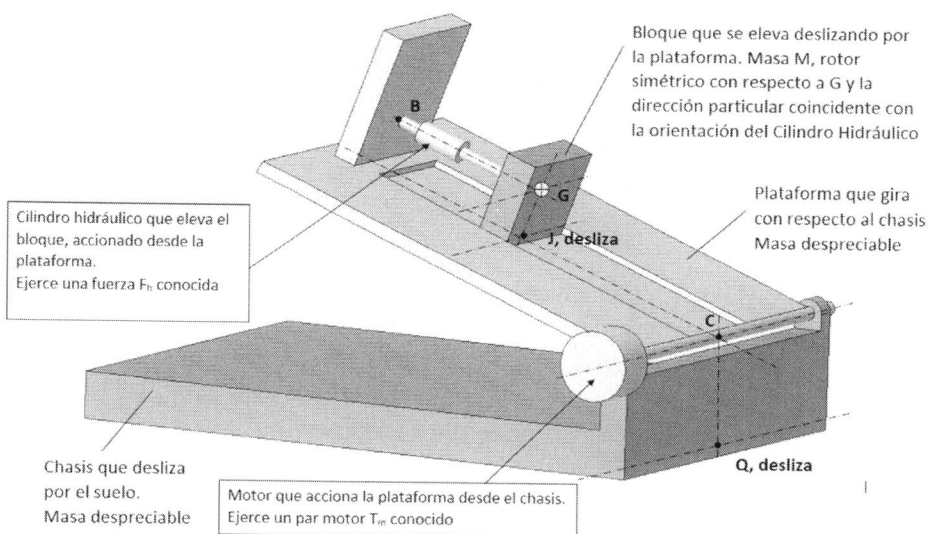

Bloque que se eleva deslizando por la plataforma. Masa M, rotor simétrico con respecto a G y la dirección particular coincidente con la orientación del Cilindro Hidráulico

Plataforma que gira con respecto al chasis. Masa despreciable

Cilindro hidráulico que eleva el bloque, accionado desde la plataforma.
Ejerce una fuerza F_h conocida

Chasis que desliza por el suelo. Masa despreciable

Motor que acciona la plataforma desde el chasis. Ejerce un par motor T_m conocido

J, desliza

C

Q, desliza

B

G

Se pide: plantear el modelo matemático que permitiría calcular las acciones de enlace entre plataforma y chasis, así como las ecuaciones del movimiento del sistema.

Además, se desprecian las masas de chasis y plataforma frente a la del bloque, y siendo este sólido rotor simétrico en G, con dirección singular 1, coincidente con la orientación del cilindro hidráulico. Se despreciará la masa del hidráulico y se considerará sólo su efecto sobre el sistema.

Se facilita la vista de alzado.

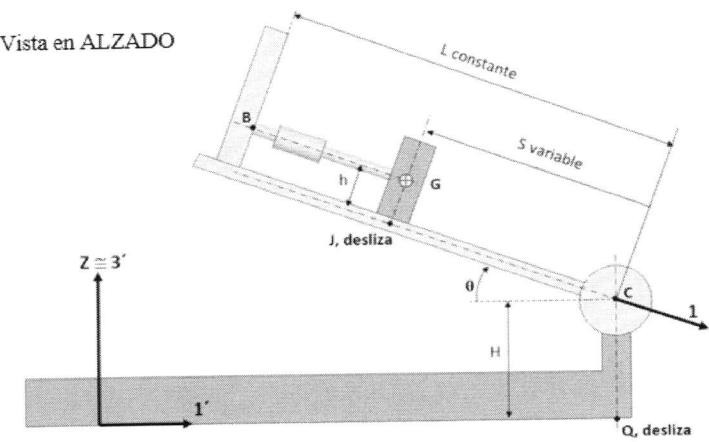

Paso previo: configurar la cadena de bases y seleccionar ejes de proyección para cada uno de los sólidos

$\bar{X}\bar{Y}\bar{Z}$	$(+)\psi$	$\bar{1}'\bar{2}'\bar{3}'$	$(+)\theta$	$\bar{1}\bar{2}\bar{3}$
Suelo	$\rightarrow$	Chasis	$\rightarrow$	Plataforma/Bloque
Base fija	$Z=3'$	Base móvil	$2'=2$	Base móvil

De los sólidos que se tienen en el problema:
- El chasis y la plataforma tienen masa despreciable, por lo que cualesquiera de los ejes de proyección son válidos para estos dos sólidos.
- El bloque tiene masa m, y sus ejes solidarios son $\bar{1}\bar{2}\bar{3}$. El bloque se considera rotor simétrico respecto a G y con respecto a la dirección que oriente al cilindro, por tanto

$$[\bar{\bar{I}}_G]_{123} = \begin{bmatrix} I' & 0 & 0 \\ 0 & I & 0 \\ 0 & 0 & I \end{bmatrix}_{123}$$

Paso 1: análisis cinemático, que a su vez tiene dos partes.
    a) Coordenadas y velocidades generalizadas, ecuaciones de enlace y los grados de libertad.

Ahora se deberá orientar y situar cada uno de los sólidos del sistema intentando hacerlo con el mínimo número de parámetros para simplificar la búsqueda de las ecuaciones de enlace.

Sólido	CHASIS	PLATAFORMA	BLOQUE
Situar con	Q, C	C, B	G, J
	De los dos puntos se escoge C, en el que son variables las coordenadas x e y, y se mantiene constante la z.	El punto C es compartido por chasis y plataforma. Al estar el chasis situado y orientado, también lo está la plataforma.	El punto G se puede situar con s respecto a la plataforma que ya se encuentra situada y orientada
Orientar con	ψ	ψ, θ	ψ, θ

Tomando ahora de la tabla anterior el mínimo número de parámetros que sitúan y orientan todo el sistema mecánico se tiene:

$$\text{Coordenadas generalizadas: } q = \psi, \theta, x_C, y_C, s$$
$$\text{Velocidades generalizadas: } \dot{q} = \dot{\psi}, \dot{\theta}, \dot{x}_C, \dot{y}_C, \dot{s}$$

En este problema no se tiene rodadura, ni guías ranuradas, y todas las velocidades generalizadas propuestas son independientes, por lo que no se tienen ecuaciones de enlace. Esto implica que el sistema mecánico tiene cinco grados de libertad. Por un lado, el movimiento del chasis sobre el suelo da lugar a deslizamiento en dos direcciones y giro en la perpendicular al suelo, los tres independientes entre sí. Además, se necesitan un accionador para elevar la plataforma y otro para subir el bloque, motor y cilindro hidráulico respectivamente.

b) Aceleración absoluta de los centros de masas de todos los sólidos con masa y la velocidad angular absoluta de todos los sólidos con masa.

El único sólido con masa es el bloque, que se trabajará en los ejes $\overline{123}$ ya que en ellos se conoce el tensor de inercia. Para calcular la aceleración absoluta de G, bastará derivar la velocidad absoluta de G que en este caso se va a calcular por composición de movimientos.

$$\bar{v}_{abs}(G) = \bar{v}_{rel}(G) + \bar{v}_e(G)$$

Primero se calcula la velocidad relativa de G por derivación, tomando como referencia móvil la plataforma y el punto C de observación que pertenece a la misma.

$$\{\bar{v}_{rel}(G)\}_{123} = \frac{d}{dt}\{\overline{CG}\}_{123} + \{\overline{\Omega}_{rel}(123)x\overline{CG}\}_{123}$$

Dado que la base elegida coincide con la referencia móvil, la velocidad angular relativa de la base es nula y finalmente queda:

$$\{\bar{v}_{rel}(G)\}_{123} = \frac{d}{dt}\begin{bmatrix} -s \\ 0 \\ 0 \end{bmatrix}_{123} = \begin{bmatrix} -\dot{s} \\ 0 \\ 0 \end{bmatrix}_{123}$$

La velocidad de arrastre se calculará como

$$\bar{v}_e(G) = \bar{v}_{abs}(C) + \bar{\Omega}_{abs}(RM)x\overline{CG} \quad C\epsilon\ RM = plataforma$$

Así,

$$\{\bar{v}_e(G)\}_{123} = \begin{bmatrix} (\dot{x}_C cos\psi + \dot{y}_C sen\psi)cos\theta \\ -\dot{x}_C sen\psi + \dot{y}_C cos\psi \\ (\dot{x}_C cos\psi + \dot{y}_C sen\psi)sen\theta \end{bmatrix}_{123} + \begin{bmatrix} -\dot{\psi}sen\theta \\ \dot{\theta} \\ \dot{\psi}cos\theta \end{bmatrix}_{123} x \begin{bmatrix} -s \\ 0 \\ 0 \end{bmatrix}_{123} =$$

$$= \begin{bmatrix} (\dot{x}_C cos\psi + \dot{y}_C sen\psi)cos\theta \\ -\dot{x}_C sen\psi + \dot{y}_C cos\psi - s\dot{\psi}cos\theta \\ (\dot{x}_C cos\psi + \dot{y}_C sen\psi)sen\theta + s\dot{\theta} \end{bmatrix}_{123}$$

sabiendo que

$$\{\bar{v}_{abs}(C)\}_{XYZ} = \begin{bmatrix} \dot{x}_C \\ \dot{y}_C \\ 0 \end{bmatrix}_{XYZ} = \begin{bmatrix} \dot{x}_C cos\psi + \dot{y}_C sen\psi \\ -\dot{x}_C sen\psi + \dot{y}_C cos\psi \\ 0 \end{bmatrix}_{1'2'3'} = \begin{bmatrix} (\dot{x}_C cos\psi + \dot{y}_C sen\psi)cos\theta \\ -\dot{x}_C sen\psi + \dot{y}_C cos\psi \\ (\dot{x}_C cos\psi + \dot{y}_C sen\psi)sen\theta \end{bmatrix}_{123}$$

Para calcular la aceleración, bastará con derivar

$$\{\bar{\gamma}_{abs}(G)\}_{123} = \frac{d}{dt}\{\bar{v}_{abs}(G)\}_{123} + \{\bar{\Omega}_{abs}(123)x\bar{v}_{abs}(G)\}_{123}$$

siendo

$$\{\bar{\Omega}_{abs}(123)\}_{123} = \begin{bmatrix} -\dot{\psi}sen\theta \\ \dot{\theta} \\ \dot{\psi}cos\theta \end{bmatrix}_{123}$$

Esta aceleración se dejará indicada según el vector

$$\{\bar{\gamma}_{abs}(G)\}_{123} = \begin{bmatrix} \gamma_1 \\ \gamma_2 \\ \gamma_3 \end{bmatrix}_{123}$$

después de haber realizado todas las operaciones.

Como ya se ha visto, la velocidad angular del bloque, único sólido con masa será la misma que la de la plataforma

$$\{\bar{\Omega}_{abs}(bloque)\}_{123} = \begin{bmatrix} -\dot{\psi}sen\theta \\ \dot{\theta} \\ \dot{\psi}cos\theta \end{bmatrix}_{123}$$

Paso 2: analizar todas las acciones verdaderas sobre cada sólido, es decir, activas y pasivas.

Chasis → Indiferente (sin masa) Se decide trabajar en $\overline{1'2'3'}$	Plataforma → Indiferente (sin masa) Se decide trabajar en $\overline{123}$	Bloque → Ejes solidarios $\overline{123}$
Esquema indicando el número y ubicación de los enlaces para cada sólido		
Dos contactos → dos torsores, en Q y C	Dos contactos → dos torsores, en Q y J	Un contacto → un torsor, en J
Acciones activas		
Gravedad: NO	Gravedad: NO	Gravedad: SI $\begin{bmatrix} mgsen\theta \\ 0 \\ -mgcos\theta \end{bmatrix}_{123}$
Rozamiento: NO	Rozamiento: NO	Rozamiento: NO
Muelle: NO	Muelle: NO	Muelle: NO
Amortiguador: NO	Amortiguador: NO	Amortiguador: NO
Motor: SI (reacción al chasis) ↔	Motor: SI (acción a la plataforma)	Motor: NO

$$\begin{bmatrix} 0 \\ -T_m \\ 0 \end{bmatrix}_{1'2'3'}$$

$$\begin{bmatrix} 0 \\ T_m \\ 0 \end{bmatrix}_{1'2'3'} = \begin{bmatrix} 0 \\ T_m \\ 0 \end{bmatrix}_{123}$$

Cilindro hidráulico: NO	Cilindro hidráulico: SI (reacción a la plataforma) $\leftrightarrow$	Cilindro hidráulico: SI (acción al bloque)

$$\overline{F_B} = \begin{bmatrix} F_h \\ 0 \\ 0 \end{bmatrix}_{123}$$

$$\overline{F_G} = \begin{bmatrix} -F_h \\ 0 \\ 0 \end{bmatrix}_{123}$$

Acciones pasivas

Torsor en C chasis-plataforma: Desaparecen todos los demás sólidos y se analiza el contacto como si los sólidos descartados no existieran. Se puede analizar el movimiento en los ejes $\overline{1'2'3'}$ directamente. El chasis no puede desplazarse respecto la plataforma en ninguna dirección → Fuerzas distintas de cero. El chasis solo puede girar respecto la plataforma en la dirección 2´que coincide con 2 → Momento cero solo en esa dirección	Torsor en C plataforma-chasis: Este torsor es la reacción del torsor en C plataforma-chasis, pero como la plataforma se trabaja en los ejes $\overline{123}$, y para el chasis se ha calculado en $\overline{1'2'3'}$, es necesario proyectarlo.

$$\{J(C)\}_{1'2'3'}$$
$$= \begin{bmatrix} \begin{bmatrix} F''_1 \\ F''_2 \\ F''_3 \end{bmatrix}; \begin{bmatrix} M''_1 \\ 0 \\ M''_3 \end{bmatrix} \end{bmatrix}_{1'2'3'}$$

La reacción de este torsor va a la plataforma $\leftrightarrow$

$$\{J(C)\}_{1'2'3'}$$
$$= \begin{bmatrix} \begin{bmatrix} -F''_1 \\ -F''_2 \\ -F''_3 \end{bmatrix}; \begin{bmatrix} -M''_1 \\ 0 \\ -M''_3 \end{bmatrix} \end{bmatrix}_{1'2'3'}$$

La reacción de este torsor va al chasis

$$\{J(C)\}_{123}$$
$$= \begin{bmatrix} \begin{bmatrix} -F''_1 cos\theta + F''_3 sen\theta \\ -F''_2 \\ -F''_1 sen\theta - F''_3 cos\theta \end{bmatrix}; \begin{bmatrix} -M''_1 cos\theta + M''_3 sen\theta \\ 0 \\ -M''_1 sen\theta - M''_3 cos\theta \end{bmatrix} \end{bmatrix}_{123}$$

Torsor en Q chasis-suelo: Desaparecen todos los demás sólidos y se analiza el	Torsor en J plataforma-bloque:	Torsor en J bloque-plataforma: Desaparecen todos los demás sólidos y se analiza el contacto

contacto como si los sólidos descartados no existieran.

Se analiza el movimiento en $\overline{1'2'3'}$, ejes elegidos para el chasis y en los que es fácil ver el movimiento.

El chasis desliza en las direcciones 1´y 2´, por lo que solo hay fuerza no nula en 3´. Además, el chasis solo puede girar respecto al suelo en la dirección 3´, la única en la que el momento será nulo.

Este torsor es la reacción del torsor en J bloque-plataforma.

como si los sólidos descartados no existieran.

Se analiza el movimiento en los ejes $\overline{123}$.

El bloque solo desliza en la dirección 1 → Fuerzas un-la en esa dirección.

El bloque no puede girar respecto a la plataforma en ninguna dirección → Los momentos en las tres direcciones distintos de cero.

$$\{J(Q)\}_{1'2'3'} = \begin{bmatrix} 0 \\ 0 \\ F'_3 \end{bmatrix}; \begin{bmatrix} M'_1 \\ M'_2 \\ 0 \end{bmatrix}_{1'2'3'}$$

← La reacción de este torsor va al suelo

$$\{J(J)\}_{123} = \begin{bmatrix} 0 \\ F_2 \\ F_3 \end{bmatrix}; \begin{bmatrix} M_1 \\ M_2 \\ M_3 \end{bmatrix}_{123}$$

La reacción de este torsor va al bloque

$$\{J(J)\}_{123} = \begin{bmatrix} 0 \\ -F_2 \\ -F_3 \end{bmatrix}; \begin{bmatrix} -M_1 \\ -M_2 \\ -M_3 \end{bmatrix}_{123}$$

↔ La reacción de este torsor va a la plataforma

Paso 3: hacer balance de ecuaciones e incógnitas.

13 incógnitas del problema debidas a enlace: F_2, F_3, M_1, M_2, M_3, F'_3, M'_1, M'_2, F''_1, F''_2, F''_3, M''_1, M''_3

Cinco incógnitas del problema debida a grados de libertad. Dado que se conocen el momento T_m y la fuerza F_h aplicados en el sistema mecánico, pasan a ser incógnita las cinco ecuaciones del movimiento.

En total dieciocho incógnitas a resolver mediante sistema de dieciocho ecuaciones (3 sólidos x 2 teoremas x 3 componentes)

Paso 4: aplicar el TCM a cada sólido del sistema, siempre en el centro de masas.

$$\sum_{sólido} \bar{F}_{ext}(P) = m\bar{\gamma}_{abs}(G)$$

Para el chasis

$$\begin{bmatrix} F''_1 \\ F''_2 \\ F''_3 \end{bmatrix}_{1'2'3'} + \begin{bmatrix} 0 \\ 0 \\ F'_3 \end{bmatrix}_{1'2'3'} = \bar{0}$$

Para la plataforma

$$\begin{bmatrix} F_h \\ 0 \\ 0 \end{bmatrix}_{123} + \begin{bmatrix} -F''_1\cos\theta + F''_3 sen\theta \\ -F''_2 \\ -F''_1 sen\theta - F''_3 \cos\theta \end{bmatrix}_{123} + \begin{bmatrix} 0 \\ F_2 \\ F_3 \end{bmatrix}_{123} = \bar{0}$$

Para el bloque

$$\begin{bmatrix} mgsen\theta \\ 0 \\ -mg\cos\theta \end{bmatrix}_{123} + \begin{bmatrix} -F_h \\ 0 \\ 0 \end{bmatrix}_{123} + \begin{bmatrix} 0 \\ -F_2 \\ -F_3 \end{bmatrix}_{123} = m\begin{bmatrix} \gamma_1 \\ \gamma_2 \\ \gamma_3 \end{bmatrix}_{123}$$

Paso 5: aplicar el TMC a cada sólido del sistema.

$$\dot{\bar{H}}_B = \sum\nolimits_{sólido} \bar{M}_{ext}(B) - \overline{BG}x(m\bar{\gamma}_{abs}(B))$$

Para el chasis, y aplicando momentos en Q (se escoge un punto sencillo, dado que en este caso el sólido tiene masa despreciable)

$$\bar{0} = \sum\nolimits_{sólido} \bar{M}_{ext}(Q)$$

Teniendo en cuenta los momentos y que las fuerzas en C provocan momento en Q,

$$\begin{bmatrix} 0 \\ -T_m \\ 0 \end{bmatrix}_{1'2'3'} + \begin{bmatrix} M''_1 \\ 0 \\ M''_3 \end{bmatrix}_{1'2'3'} + \overline{QC}x\begin{bmatrix} F''_1 \\ F''_2 \\ F''_3 \end{bmatrix}_{1'2'3'} + \begin{bmatrix} M'_1 \\ M'_2 \\ 0 \end{bmatrix}_{1'2'3'} = \bar{0}$$

con $\{\overline{QC}\}_{123} = \begin{bmatrix} 0 \\ 0 \\ H \end{bmatrix}_{1'2'3'}$

Para la plataforma, y aplicando momentos en C (se escoge un punto sencillo, dado que en este caso el sólido tiene masa despreciable)

$$\bar{0} = \sum\nolimits_{sólido} \bar{M}_{ext}(C)$$

Teniendo en cuenta los momentos y que las fuerzas en J y en B (del hidráulico) provocan momento en C,

$$\begin{bmatrix} 0 \\ T_m \\ 0 \end{bmatrix}_{123} + \overline{CB}x \begin{bmatrix} F_h \\ 0 \\ 0 \end{bmatrix}_{123} + \begin{bmatrix} -M''_1\cos\theta + M''_3 sen\theta \\ 0 \\ -M''_1 sen\theta - M''_3 \cos\theta \end{bmatrix}_{123} +$$

$$+ \overline{CJ}x \begin{bmatrix} -F''_1\cos\theta + F''_3 sen\theta \\ -F''_2 \\ -F''_1 sen\theta - F''_3\cos\theta \end{bmatrix}_{123} + \begin{bmatrix} M_1 \\ M_2 \\ M_3 \end{bmatrix}_{123} = \bar{0}$$

con $\{\overline{CB}\}_{123} = \begin{bmatrix} -L \\ 0 \\ h \end{bmatrix}_{123}$ y $\{\overline{CJ}\}_{123} = \begin{bmatrix} -s \\ 0 \\ 0 \end{bmatrix}_{123}$

Para el bloque, del que se conoce el tensor de inercia en G:

$$[\bar{\bar{I}}_G]_{123} = \begin{bmatrix} I' & 0 & 0 \\ 0 & I & 0 \\ 0 & 0 & I \end{bmatrix}_{123}$$

se toman momentos en G

$$\dot{\bar{H}}_G = \sum_{sólido} \bar{M}_{ext}(G)$$

$$\frac{d}{dt}\left\{[\bar{\bar{I}}_G]_{123}\bar{\Omega}_{abs}(bloque)\right\}_{123} + \left\{\bar{\Omega}_{abs}(123)x\left([\bar{\bar{I}}_G]_{123}\bar{\Omega}_{abs}(bloque)\right)\right\}_{123} =$$

$$= \sum_{sólido} \bar{M}_{ext}(G)$$

$$\frac{d}{dt}\left(\begin{bmatrix} I' & 0 & 0 \\ 0 & I & 0 \\ 0 & 0 & I \end{bmatrix}_{123}\begin{bmatrix} -\dot{\psi}sen\theta \\ \dot{\theta} \\ \dot{\psi}\cos\theta \end{bmatrix}_{123}\right) + \begin{bmatrix} -\dot{\psi}sen\theta \\ \dot{\theta} \\ \dot{\psi}\cos\theta \end{bmatrix}_{123} x \left(\begin{bmatrix} I' & 0 & 0 \\ 0 & I & 0 \\ 0 & 0 & I \end{bmatrix}_{123}\begin{bmatrix} -\dot{\psi}sen\theta \\ \dot{\theta} \\ \dot{\psi}\cos\theta \end{bmatrix}_{123}\right) =$$

$$= \sum_{sólido} \bar{M}_{ext}(G)$$

$$\frac{d}{dt}\begin{bmatrix} -I'\dot{\psi}sen\theta \\ I\dot{\theta} \\ I\dot{\psi}cos\theta \end{bmatrix}_{123} + \begin{bmatrix} -\dot{\psi}sen\theta \\ \dot{\theta} \\ \dot{\psi}cos\theta \end{bmatrix}_{123} x \begin{bmatrix} -I'\dot{\psi}sen\theta \\ I\dot{\theta} \\ I\dot{\psi}cos\theta \end{bmatrix}_{123} =$$

$$= \begin{bmatrix} -I'(\ddot{\psi}sen\theta + \dot{\psi}\dot{\theta}cos\theta) \\ I(\ddot{\theta} + \dot{\psi}^2 cos\theta sen\theta) - I'\dot{\psi}^2 cos\theta sen\theta \\ I(\ddot{\psi}cos\theta - 2\dot{\psi}\dot{\theta}sen\theta) + I'\dot{\psi}\dot{\theta}sen\theta \end{bmatrix}_{123} = \sum_{sólido} \overline{M}_{ext}(G)$$

Para el sumatorio de momentos en G, se deberán tener en cuenta los momentos sobre el sólido y las fuerzas en J, que provocan momento en G

$$\sum_{sólido} \overline{M}_{ext}(G) = \begin{bmatrix} -M_1 \\ -M_2 \\ -M_3 \end{bmatrix}_{123} + \overline{GJ} x \begin{bmatrix} 0 \\ -F_2 \\ -F_3 \end{bmatrix}_{123}$$

con

$$\{\overline{GJ}\}_{123} = \begin{bmatrix} 0 \\ 0 \\ h \end{bmatrix}_{123}$$

(Nota: la fuerza del hidráulico no provoca momento en G, porque se considera aplicada en G)

Paso 6: analizar el modelo matemático conformado por el sistema de ecuaciones.

Bastaría ahora realizar todos los productos vectoriales, operar y plantear el sistema de dieciocho ecuaciones con dieciocho incógnitas, las de enlace enumeradas anteriormente, y las ecuaciones del movimiento.

PROBLEMA 6

El sistema mecánico de la figura está compuesto por un brazo y una rueda de radio R, ambos de masa despreciable, y un chasis de masa m. El brazo puede girar según un eje vertical respecto al suelo, de la misma manera que también lo puede hacer el chasis respecto al brazo a través de un casquillo sin retención axial. La rueda, insertada en un eje implementado en el chasis, puede desplazarse respecto a él, resultando variable la distancia s ilustrada en la figura.

Todas las dimensiones y datos de geometría están reflejadas en los esquemas siguientes.

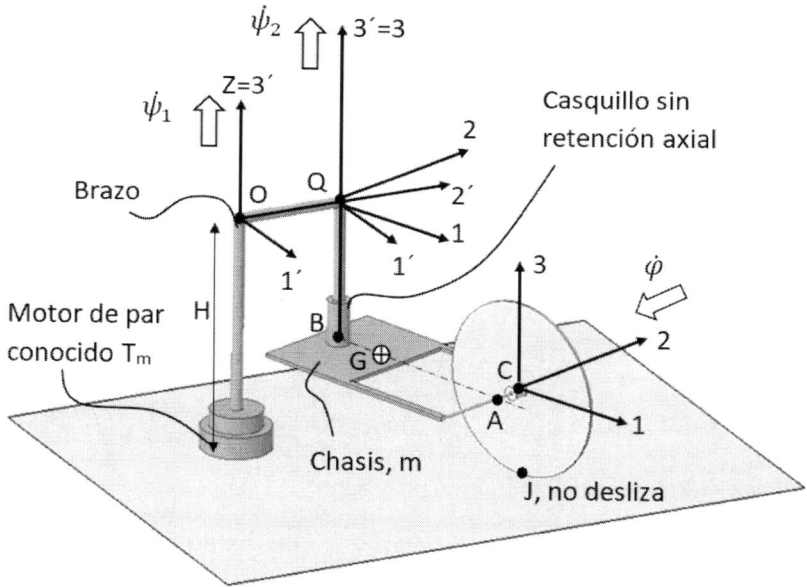

Se facilita el tensor de inercia del chasis, único sólido con masa, en el punto B y según los ejes 123 expuestos en la figura:

$$[B]_{123} = \begin{bmatrix} I_1 & 0 & 0 \\ 0 & I_2 & 0 \\ 0 & 0 & I_1 + I_2 \end{bmatrix}_{123}$$

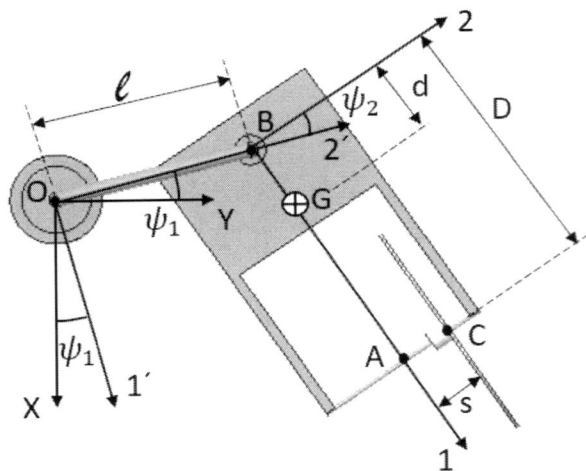

Aplicando los teoremas vectoriales, se pide calcular las ecuaciones del movimiento del sistema siendo conocido el par motor T_m, así como las acciones de enlace entre los sólidos del mismo.

Paso previo: configurar la cadena de bases y seleccionar ejes de proyección para cada uno de los sólidos

$\bar{X}\bar{Y}\bar{Z}$	$(+)\psi_1$	$\overline{1'}\overline{2'}\overline{3'}$	$(+)\psi_2$	$\overline{1}\overline{2}\overline{3}$	$(-)\varphi$	$\overline{1''}\overline{2''}\overline{3''}$
Suelo	$\rightarrow$	Brazo	$\rightarrow$	Chasis	$\rightarrow$	Rueda
Base fija	$Z=3'$	Base móvil	$3'=3$	Base móvil	$2=2''$	Base móvil

De los sólidos que se tienen en el problema:
- El brazo y la rueda tienen masa despreciable, por lo que cualesquiera de los ejes de proyección son válidos para estos dos sólidos.
- El chasis tiene masa m, y sus ejes solidarios son $\overline{1}\overline{2}\overline{3}$. El tensor dato se facilita en estos ejes y en el punto B.

Paso 1: análisis cinemático, que a su vez tiene dos partes.
   a) Coordenadas y velocidades generalizadas, ecuaciones de enlace y los grados de libertad.
Ahora se deberá orientar y situar cada uno de los sólidos del sistema intentando hacerlo con el mínimo número de parámetros para simplificar la búsqueda de las ecuaciones de enlace.

Sólido	BRAZO	CHASIS	RUEDA
Situar con	O, Q, B	Q, B, G, A	C, J
	Se escoge O, ya que se trata de un punto fijo.	Los puntos Q y B son compartidos por brazo y chasis. Al estar el brazo situado y orientado, ya se tiene situado chasis.	El único punto que pertenece a la rueda, además de J es C. Dado que el chasis está orientado y situado, se podrá situar C desde un punto que pertenece al chasis, por ejemplo A, con la distancia s. Nunca coger J al ser una posición particular
Orientar con	ψ_1	ψ_1, ψ_2	ψ_1, ψ_2, φ

Tomando ahora de la tabla anterior el mínimo número de parámetros que sitúan y orientan todo el sistema mecánico se tiene:

Coordenadas generalizadas: $q = \psi_1, \psi_2, \varphi, s$

Velocidades generalizadas: $\dot{q} = = \dot{\psi}_1, \dot{\psi}_2, \dot{\varphi}, \dot{s}$

En este problema se tiene rodadura, y además una rueda guiada a lo largo del bastidor que pertenece al chasis, por lo que se van a tener ecuaciones de enlace. Para encontrar las ecuaciones de enlace, se va a proceder a calcular la velocidad absoluta de C a través de la rueda con las expresiones de cinemática del sólido rígido, y desde O, derivando y usando la composición de movimientos.

En la rodadura entre suelo y rueda se cumple:

$$[\bar{v}_{abs}(J)]_{suelo} = [\bar{v}_{abs}(J)]_{rueda}$$

Como el suelo tiene velocidad nula, se cumplirá que

$$[\bar{v}_{abs}(J)]_{rueda} = \bar{0}$$

Conocida la velocidad de J, se tiene

$$\bar{v}_{abs}(C) = \bar{v}_{abs}(J) + \bar{\Omega}_{abs}(rueda)x\overline{JC} \text{ con } C, J \epsilon \text{ rueda}$$

por tanto,

$$\{\bar{v}_{abs}(C)\}_{123} = \begin{bmatrix} 0 \\ 0 \\ 0 \end{bmatrix}_{123} + \begin{bmatrix} 0 \\ -\dot{\varphi} \\ \dot{\psi}_1 + \dot{\psi}_2 \end{bmatrix}_{123} x \begin{bmatrix} 0 \\ 0 \\ R \end{bmatrix}_{123} = \begin{bmatrix} -\dot{\varphi}R \\ 0 \\ 0 \end{bmatrix}_{123}$$

con $\{\bar{\Omega}_{abs}(rueda)\}_{123} = \begin{bmatrix} 0 \\ -\dot{\varphi} \\ \dot{\psi}_1 + \dot{\psi}_2 \end{bmatrix}_{123}$ y $\{\overline{JC}\}_{123} = \begin{bmatrix} 0 \\ 0 \\ R \end{bmatrix}_{123}$

Por otro lado, y usando el chasis como referencia móvil se puede escribir

$$\bar{v}_{abs}(C) = \bar{v}_{rel}(C) + \bar{v}_e(C)$$

En primer lugar, se obtendrá la velocidad relativa de C por derivación del vector posición relativo $\overline{AC}$, siendo A, un punto que pertenece a la referencia de observación que es el chasis.

$$\{\bar{v}_{rel}(C)\}_{123} = \frac{d}{dt}\{\overline{AC}\}_{123} + \{\bar{\Omega}_{rel}(123) x \overline{AC}\}_{123}$$

donde

$$\{\overline{AC}\}_{123} = \begin{bmatrix} 0 \\ s \\ 0 \end{bmatrix}_{123} \text{y} \{\bar{\Omega}_{rel}(123)\}_{123} = \begin{bmatrix} 0 \\ 0 \\ 0 \end{bmatrix}_{123}$$

dado que la base elegida para trabajar y el sólido referencia móvil coinciden.

Así,

$$\{\bar{v}_{rel}(C)\}_{123} = \frac{d}{dt}\begin{bmatrix} 0 \\ s \\ 0 \end{bmatrix}_{123} + \begin{bmatrix} 0 \\ 0 \\ 0 \end{bmatrix}_{123} x \begin{bmatrix} 0 \\ s \\ 0 \end{bmatrix}_{123} = \begin{bmatrix} 0 \\ \dot{s} \\ 0 \end{bmatrix}_{123}$$

Para calcular la velocidad de arrastre de C, se tomará un punto que pertenece a la referencia móvil, por ejemplo B, tal que

$$\bar{v}_e(C) = \bar{v}_{abs}(B) + \bar{\Omega}_{abs}(RM) x \overline{BC} \text{ con } B \epsilon RM = chasis$$

De la expresión anterior, en primer lugar, se debe calcular la velocidad absoluta de B. Se hará mediante las ecuaciones de la cinemática del sólido rígido.

$$\bar{v}_{abs}(B) = \bar{v}_{abs}(O) + \bar{\Omega}_{abs}(brazo) x \overline{OB} \text{ con } O, B \epsilon brazo$$

$$\{\bar{v}_{abs}(B)\}_{123} = \begin{bmatrix} 0 \\ 0 \\ 0 \end{bmatrix}_{123} + \begin{bmatrix} 0 \\ 0 \\ \dot{\psi}_1 \end{bmatrix}_{123} x \begin{bmatrix} lsen\psi_2 \\ lcos\psi_2 \\ H-R \end{bmatrix}_{123} = \begin{bmatrix} -\dot{\psi}_1 lcos\psi_2 \\ \dot{\psi}_1 lsen\psi_2 \\ 0 \end{bmatrix}_{123}$$

Ahora

$$\{\bar{v}_e(C)\}_{123} = \begin{bmatrix} -\dot{\psi}_1 lcos\psi_2 \\ \dot{\psi}_1 lsen\psi_2 \\ 0 \end{bmatrix}_{123} + \begin{bmatrix} 0 \\ 0 \\ \dot{\psi}_1 + \dot{\psi}_2 \end{bmatrix}_{123} x \begin{bmatrix} D \\ s \\ 0 \end{bmatrix}_{123} = \begin{bmatrix} -\dot{\psi}_1 lcos\psi_2 - s(\dot{\psi}_1 + \dot{\psi}_2) \\ \dot{\psi}_1 lsen\psi_2 + D(\dot{\psi}_1 + \dot{\psi}_2) \\ 0 \end{bmatrix}_{123}$$

con

$$\{\overline{BC}\}_{123} = \begin{bmatrix} D \\ s \\ 0 \end{bmatrix}_{123} \quad y \quad \{\overline{\Omega}_{abs}(RF = chasis)\}_{123} = \begin{bmatrix} 0 \\ 0 \\ \dot{\psi}_1 + \dot{\psi}_2 \end{bmatrix}_{123}$$

Finalmente,

$$\{\bar{v}_{abs}(C)\}_{123} = \begin{bmatrix} 0 \\ \dot{s} \\ 0 \end{bmatrix}_{123} + \begin{bmatrix} -\dot{\psi}_1 lcos\psi_2 - s(\dot{\psi}_1 + \dot{\psi}_2) \\ \dot{\psi}_1 lsen\psi_2 + h(\dot{\psi}_1 + \dot{\psi}_2) \\ 0 \end{bmatrix}_{123} =$$

$$= \begin{bmatrix} -\dot{\psi}_1 lcos\psi_2 - s(\dot{\psi}_1 + \dot{\psi}_2) \\ \dot{s} + \dot{\psi}_1 lsen\psi_2 + D(\dot{\psi}_1 + \dot{\psi}_2) \\ 0 \end{bmatrix}_{123}$$

y al igualar queda

$$\begin{bmatrix} -\dot{\varphi}R \\ 0 \\ 0 \end{bmatrix}_{123} = \begin{bmatrix} -\dot{\psi}_1 lcos\psi_2 - s(\dot{\psi}_1 + \dot{\psi}_2) \\ \dot{s} + \dot{\psi}_1 lsen\psi_2 + D(\dot{\psi}_1 + \dot{\psi}_2) \\ 0 \end{bmatrix}_{123}$$

obteniéndose dos ecuaciones de enlace:

$$-\dot{\varphi}R = -\dot{\psi}_1 lcos\psi_2 - s(\dot{\psi}_1 + \dot{\psi}_2)$$
$$\dot{s} + \dot{\psi}_1 lsen\psi_2 + D(\dot{\psi}_1 + \dot{\psi}_2) = 0$$

El sistema mecánico tiene entonces dos grados de libertad, ya que, a las cuatro velocidades generalizadas, se le deben descontar estas dos igualdades. Un actuador estará en el brazo para hacerlo girar con $\dot{\psi}_1$, mientras que el otro se encontrará en la rueda, para hacerla girar con $\dot{\varphi}$.

    b) Aceleración absoluta de los centros de masas de todos los sólidos con masa y la velocidad angular absoluta de todos los sólidos con masa.

El único sólido con masa es el chasis, que se trabajará en los ejes $\overline{123}$ ya que en ellos se conoce el tensor de inercia. Para calcular la aceleración absoluta de G, bastará derivar la velocidad absoluta de G de la que se muestra su cálculo previo.

$$\bar{v}_{abs}(G) = \bar{v}_{abs}(B) + \bar{\Omega}_{abs}(chasis) x \overline{BG} \ con \ B, G\epsilon \ chasis$$

$$\{\bar{v}_{abs}(G)\}_{123} = \begin{bmatrix} -\dot{\psi}_1 l cos\psi_2 \\ \dot{\psi}_1 l sen\psi_2 \\ 0 \end{bmatrix}_{123} + \begin{bmatrix} 0 \\ 0 \\ \dot{\psi}_1 + \dot{\psi}_2 \end{bmatrix}_{123} x \begin{bmatrix} d \\ 0 \\ 0 \end{bmatrix}_{123} =$$

$$= \begin{bmatrix} -\dot{\psi}_1 l cos\psi_2 \\ \dot{\psi}_1 l sen\psi_2 + d(\dot{\psi}_1 + \dot{\psi}_2) \\ 0 \end{bmatrix}_{123}$$

donde la velocidad absoluta de B y la velocidad angular del chasis son datos utilizados anteriormente, y el vector $\overline{BG}$ vale

$$\{\overline{BG}\}_{123} = \begin{bmatrix} d \\ 0 \\ 0 \end{bmatrix}_{123}$$

Para calcular la aceleración, se procede a derivar en una base móvil:

$$\{\bar{\gamma}_{abs}(G)\}_{123} = \frac{d}{dt}\{\bar{v}_{abs}(G)\}_{123} + \{\bar{\Omega}_{abs}(123) x \bar{v}_{abs}(G)\}_{123}$$

$$\{\bar{\gamma}_{abs}(G)\}_{123} = \frac{d}{dt}\begin{bmatrix} -\dot{\psi}_1 l cos\psi_2 \\ \dot{\psi}_1 l sen\psi_2 + d(\dot{\psi}_1 + \dot{\psi}_2) \\ 0 \end{bmatrix}_{123} +$$

$$+ \begin{bmatrix} 0 \\ 0 \\ \dot{\psi}_1 + \dot{\psi}_2 \end{bmatrix}_{123} x \begin{bmatrix} -\dot{\psi}_1 l cos\psi_2 \\ \dot{\psi}_1 l sen\psi_2 + d(\dot{\psi}_1 + \dot{\psi}_2) \\ 0 \end{bmatrix}_{123}$$

Como en ocasiones anteriores, se dejan las operaciones finales para que el lector las realice, y se utilizará la aceleración absoluta de G según el vector

$$\{\bar{\gamma}_{abs}(G)\}_{123} = \begin{bmatrix} \gamma_1 \\ \gamma_2 \\ \gamma_3 \end{bmatrix}_{123}$$

Como ya se ha visto, la velocidad angular del chasis, único sólido con masa será

$$\{\bar{\Omega}_{abs}(chasis)\}_{123} = \begin{bmatrix} 0 \\ 0 \\ \dot{\psi}_1 + \dot{\psi}_2 \end{bmatrix}_{123}$$

Paso 2: analizar todas las acciones verdaderas sobre cada sólido, es decir, activas y pasivas.

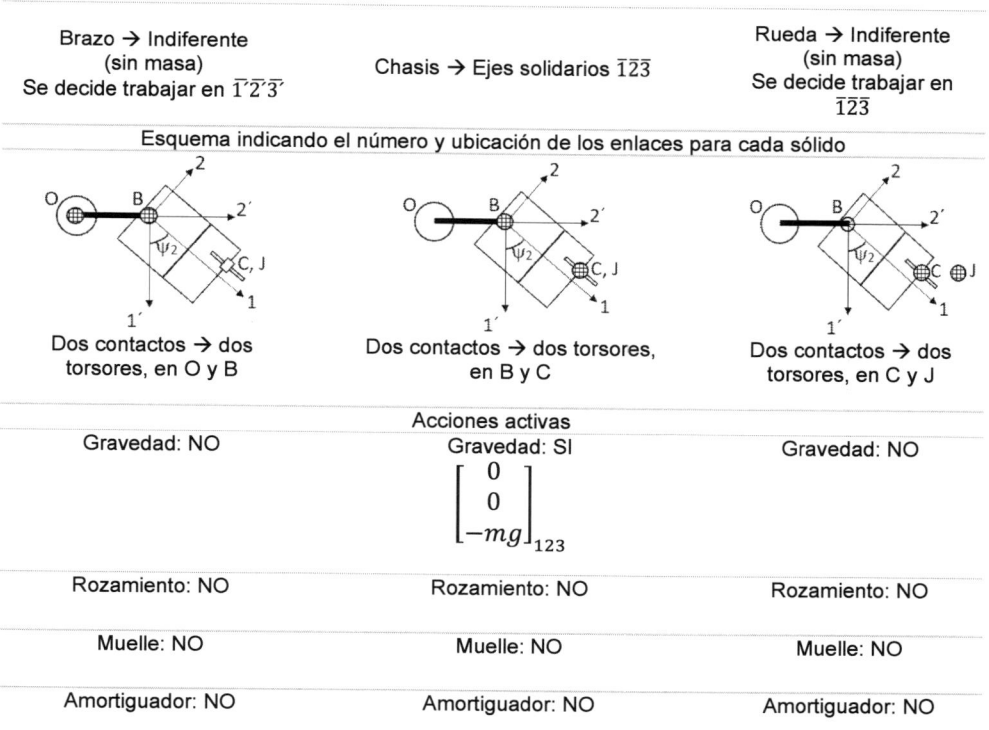

Brazo → Indiferente (sin masa) Se decide trabajar en $\overline{1'2'3'}$	Chasis → Ejes solidarios $\overline{123}$	Rueda → Indiferente (sin masa) Se decide trabajar en $\overline{123}$
Esquema indicando el número y ubicación de los enlaces para cada sólido		
Dos contactos → dos torsores, en O y B	Dos contactos → dos torsores, en B y C	Dos contactos → dos torsores, en C y J
Acciones activas		
Gravedad: NO	Gravedad: SI $$\begin{bmatrix} 0 \\ 0 \\ -mg \end{bmatrix}_{123}$$	Gravedad: NO
Rozamiento: NO	Rozamiento: NO	Rozamiento: NO
Muelle: NO	Muelle: NO	Muelle: NO
Amortiguador: NO	Amortiguador: NO	Amortiguador: NO

Motor: SI (reacción al suelo) $$\begin{bmatrix} 0 \\ 0 \\ T_m \end{bmatrix}_{1'2'3'}$$	Motor: NO	Motor: NO
Cilindro hidráulico: NO	Cilindro hidráulico: NO	Cilindro hidráulico: NO

Acciones pasivas

Torsor en B brazo-chasis: Desaparecen todos los demás sólidos y se analiza el contacto como si los sólidos descartados no existieran. Se puede analizar el movimiento en los ejes $\overline{1'2'3'}$ directamente. El brazo no puede desplazarse respecto chasis ni en la dirección 1´, ni en 2´. Si en 3´ por casquillo sin retención axial → Fuerzas distintas de cero, excepto en dirección 3´. El brazo solo puede girar respecto al chasis en la dirección 3´ → Momento cero solo en esa dirección	Torsor en B chasis-brazo: Este torsor es la reacción del torsor en B brazo-chasis, pero como el chasis se trabaja en los ejes $\overline{123}$, y para el brazo se ha calculado en $\overline{1'2'3'}$, es necesario proyectarlo.	Torsor en J rueda-suelo: Desaparecen todos los demás sólidos y se analiza el contacto como si los sólidos descartados no existieran. Se analiza el movimiento en los ejes $\overline{123}$. La rueda no desliza → Fuerzas no nulas en todas direcciones Contacto puntual → Los momentos en las tres direcciones son iguales a cero.

$$\{J(B)\}_{1'2'3'} = \begin{bmatrix} \begin{bmatrix} F_1 \\ F_2 \\ 0 \end{bmatrix}; \begin{bmatrix} M_1 \\ M_2 \\ 0 \end{bmatrix} \end{bmatrix}_{1'2'3'}$$

La reacción de este torsor va al chasis

$\leftrightarrow$

$$\{J(B)\}_{1'2'3'} = \begin{bmatrix} \begin{bmatrix} -F_1 \\ -F_2 \\ 0 \end{bmatrix}; \begin{bmatrix} -M_1 \\ -M_2 \\ 0 \end{bmatrix} \end{bmatrix}_{1'2'3'}$$

La reacción de este torsor va al chasis

$$\{J(J)\}_{123} = \begin{bmatrix} \begin{bmatrix} F''_1 \\ F''_2 \\ F''_3 \end{bmatrix}; \begin{bmatrix} 0 \\ 0 \\ 0 \end{bmatrix} \end{bmatrix}_{123}$$

La reacción de este torsor va al suelo

$\rightarrow$

$$\{J(B)\}_{123} = \begin{bmatrix} \begin{bmatrix} -F_1 cos\psi_2 - F_2 sen\psi_2 \\ F_1 sen\psi_2 - F_2 cos\psi_2 \\ 0 \end{bmatrix}; \begin{bmatrix} -M_1 cos\psi_2 - M_2 sen\psi_2 \\ M_1 sen\psi_2 - M_2 cos\psi_2 \\ 0 \end{bmatrix} \end{bmatrix}_{123}$$

Torsor en O brazo-suelo: Desaparecen todos los demás sólidos y se analiza el contacto como si los sólidos descartados no existieran. Se analiza el movimiento en $\overline{1'2'3'}$, ejes elegidos para el	Torsor en C chasis-rueda: Desaparecen todos los demás sólidos y se analiza el contacto como si los sólidos descartados no existieran. Se analiza el movimiento en $\overline{123}$, ejes elegidos para el chasis y en los que es fácil ver el movimiento.	Torsor en C rueda-chasis: Este torsor es la reacción del torsor en C chasis-rueda

brazo y en los que es fácil ver el movimiento.	La rueda puede deslizar en la dirección 2 → Única fuerza que será nula
El brazo no puede desplazarse respecto al suelo en ninguna dirección → Todas las fuerzas distintas de cero.	La rueda puede girar solo en 2 → Único momento que será nulo
El brazo solo puede girar respecto al chasis en la dirección 3′ → Momento cero solo en esa dirección	

$$\{J(O)\}_{1'2'3'}$$
$$= \begin{bmatrix} \begin{bmatrix} F'_1 \\ F'_2 \\ F'_3 \end{bmatrix} ; \begin{bmatrix} M'_1 \\ M'_2 \\ 0 \end{bmatrix} \end{bmatrix}_{1'2'3'}$$

← La reacción de este torsor va al suelo

$$\{J(C)\}_{123}$$
$$= \begin{bmatrix} \begin{bmatrix} F^*_1 \\ 0 \\ F^*_3 \end{bmatrix} ; \begin{bmatrix} M^*_1 \\ 0 \\ M^*_3 \end{bmatrix} \end{bmatrix}_{123}$$

La reacción de este torsor va a la rueda

$$\{J(C)\}_{1'2'3'}$$
$$= \begin{bmatrix} \begin{bmatrix} -F^*_1 \\ 0 \\ -F^*_3 \end{bmatrix} ; \begin{bmatrix} -M^*_1 \\ 0 \\ -M^*_3 \end{bmatrix} \end{bmatrix}_{123}$$

↔ La reacción de este torsor va al chasis

Paso 3: hacer balance de ecuaciones e incógnitas.

Dieciséis incógnitas del problema debidas a enlace: F_1, F_2, M_1, M_2, F'_1, F'_2, F'_3, M'_1, M'_2, F''_1, F''_2, F''_3, F^*_1, F^*_3, M^*_1, M^*_3

Dos incógnitas adicionales debidas a grados de libertad. Dado que se conocen el momento T_m del accionamiento del brazo, pasan a ser incógnita las dos ecuaciones del movimiento.

En total dieciocho incógnitas a resolver mediante sistema de dieciocho ecuaciones (3 sólidos x 2 teoremas x 3 componentes)

Paso 4: aplicar el TCM a cada sólido del sistema, siempre en el centro de masas.

$$\sum\nolimits_{sólido} \bar{F}_{ext}(P) = m\bar{\gamma}_{abs}(G)$$

Para el brazo

$$\begin{bmatrix} F_1 \\ F_2 \\ 0 \end{bmatrix}_{1'2'3'} + \begin{bmatrix} F'_1 \\ F'_2 \\ F'_3 \end{bmatrix}_{1'2'3'} = \bar{0}$$

Para el chasis

$$\begin{bmatrix} 0 \\ 0 \\ -mg \end{bmatrix}_{123} + \begin{bmatrix} -F_1 cos\psi_2 - F_2 sen\psi_2 \\ F_1 sen\psi_2 - F_2 cos\psi_2 \\ 0 \end{bmatrix}_{123} + \begin{bmatrix} F_1^* \\ 0 \\ F_3^* \end{bmatrix}_{123} = m \begin{bmatrix} \gamma_1 \\ \gamma_2 \\ \gamma_3 \end{bmatrix}_{123}$$

Para la rueda

$$\begin{bmatrix} F''_1 \\ F''_2 \\ F''_3 \end{bmatrix}_{123} + \begin{bmatrix} -F_1^* \\ 0 \\ -F_3^* \end{bmatrix}_{123} = \bar{0}$$

Paso 5: aplicar el TMC a cada sólido del sistema.

$$\dot{\bar{H}}_B = \sum_{sólido} \bar{M}_{ext}(B) - \overline{BG}x(m\bar{\gamma}_{abs}(B))$$

Para el brazo, y aplicando momentos en O (se escoge un punto sencillo, dado que en este caso el sólido tiene masa despreciable)

$$\bar{0} = \sum_{sólido} \bar{M}_{ext}(O)$$

Teniendo en cuenta los momentos y que las fuerzas en B provocan momento en O,

$$\begin{bmatrix} 0 \\ 0 \\ T_m \end{bmatrix}_{1'2'3'} + \begin{bmatrix} M_1 \\ M_2 \\ 0 \end{bmatrix}_{1'2'3'} + \overline{OB}x \begin{bmatrix} F_1 \\ F_2 \\ 0 \end{bmatrix}_{1'2'3'} + \begin{bmatrix} M'_1 \\ M'_2 \\ 0 \end{bmatrix}_{1'2'3'} = \bar{0}$$

con $\{\overline{OB}\}_{123} = \begin{bmatrix} lsen\psi_2 \\ lcos\psi_2 \\ H - R \end{bmatrix}_{1'2'3'}$

Para el chasis, del que se conoce el tensor de inercia en B:

$$[\bar{\bar{I}}_B]_{123} = \begin{bmatrix} I_1 & 0 & 0 \\ 0 & I_2 & 0 \\ 0 & 0 & I_1 + I_2 \end{bmatrix}_{123}$$

se toman momentos en B

$$\bar{\dot{H}}_B = \sum_{sólido} \bar{M}_{ext}(B) - \overline{BG}x(m\bar{\gamma}_{abs}(B))$$

$$\frac{d}{dt}\left\{[\bar{\bar{I}}_B]_{123}\bar{\Omega}_{abs}(chasis)\right\}_{123} + \left\{\bar{\Omega}_{abs}(123)x\left([\bar{\bar{I}}_B]_{123}\bar{\Omega}_{abs}(chasis)\right)\right\}_{123} =$$

$$= \sum_{sólido} \bar{M}_{ext}(B) - \overline{BG}x(m\bar{\gamma}_{abs}(B))$$

$$\frac{d}{dt}\left(\begin{bmatrix} I_1 & 0 & 0 \\ 0 & I_2 & 0 \\ 0 & 0 & I_1+I_2 \end{bmatrix}_{123}\begin{bmatrix} 0 \\ 0 \\ \dot{\psi}_1+\dot{\psi}_2 \end{bmatrix}_{123}\right) +$$

$$+ \begin{bmatrix} 0 \\ 0 \\ \dot{\psi}_1+\dot{\psi}_2 \end{bmatrix}_{123} x\left(\begin{bmatrix} I_1 & 0 & 0 \\ 0 & I_2 & 0 \\ 0 & 0 & I_1+I_2 \end{bmatrix}_{123}\begin{bmatrix} 0 \\ 0 \\ \dot{\psi}_1+\dot{\psi}_2 \end{bmatrix}_{123}\right) =$$

$$= \sum_{sólido} \bar{M}_{ext}(B) - \overline{BG}x(m\bar{\gamma}_{abs}(B))$$

$$\frac{d}{dt}\begin{bmatrix} (I_1+I_2)(\dot{\psi}_1+\dot{\psi}_2) \\ 0 \\ 0 \end{bmatrix}_{123} + \begin{bmatrix} 0 \\ 0 \\ \dot{\psi}_1+\dot{\psi}_2 \end{bmatrix}_{123} x \begin{bmatrix} (I_1+I_2)(\dot{\psi}_1+\dot{\psi}_2) \\ 0 \\ 0 \end{bmatrix}_{123} =$$

$$= \begin{bmatrix} (I_1+I_2)(\ddot{\psi}_1+\ddot{\psi}_2) \\ (I_1+I_2)(\dot{\psi}_1+\dot{\psi}_2)^2 \\ 0 \end{bmatrix}_{123}$$

$$= \sum_{sólido} \bar{M}_{ext}(B) - \overline{BG}x(m\bar{\gamma}_{abs}(B))$$

Llegados a este punto, es necesario ahora calcular dos términos. Por un lado

$$\sum_{sólido} \bar{M}_{ext}(B) =$$

$$= \overline{BG}x\begin{bmatrix} 0 \\ 0 \\ -mg \end{bmatrix}_{123} + \begin{bmatrix} -M_1\cos\psi_2 - M_2 sen\psi_2 \\ M_1 sen\psi_2 - M_2\cos\psi_2 \\ 0 \end{bmatrix}_{123} + \begin{bmatrix} M_1^* \\ 0 \\ M_3^* \end{bmatrix}_{123} + \overline{BC}x\begin{bmatrix} F_1^* \\ 0 \\ F_3^* \end{bmatrix}_{123}$$

donde las fuerzas en G y en C provocan momento en B, y los vectores $\overline{BG}$ y $\overline{BC}$ se conocen de apartados anteriores.

Por otro lado, hay que calcular el término $\overline{BG}x\big(m\bar{\gamma}_{abs}(B)\big)$, para lo que es necesario obtener previamente la aceleración absoluta de B. Esta se calcula mediante derivación en base móvil:

$$\{\bar{\gamma}_{abs}(B)\}_{123} = \frac{d}{dt}\{\bar{v}_{abs}(B)\}_{123} + \{\overline{\Omega}_{abs}(123)x\bar{v}_{abs}(B)\}_{123} = \begin{bmatrix} \gamma_1^B \\ \gamma_2^B \\ \gamma_3^B \end{bmatrix}_{123}$$

$$\{\bar{\gamma}_{abs}(B)\}_{123} = \frac{d}{dt}\begin{bmatrix} -\dot{\psi}_1 l cos\psi_2 \\ \dot{\psi}_1 l sen\psi_2 \\ 0 \end{bmatrix}_{123} + \begin{bmatrix} 0 \\ 0 \\ \dot{\psi}_1 + \dot{\psi}_2 \end{bmatrix}_{123} x \begin{bmatrix} -\dot{\psi}_1 l cos\psi_2 \\ \dot{\psi}_1 l sen\psi_2 \\ 0 \end{bmatrix}_{123} = \begin{bmatrix} \gamma_1^B \\ \gamma_2^B \\ \gamma_3^B \end{bmatrix}_{123}$$

Así

$$\overline{BG}x\big(m\bar{\gamma}_{abs}(A)\big) = \begin{bmatrix} d \\ 0 \\ 0 \end{bmatrix}_{123} x \left(m \begin{bmatrix} \gamma_1^B \\ \gamma_2^B \\ \gamma_3^B \end{bmatrix}_{123} \right)$$

Se propone al lector, terminar de operar y reorganizar términos.

Para la rueda, y aplicando momentos en C (se escoge un punto sencillo, dado que en este caso el sólido tiene masa despreciable)

$$\bar{0} = \sum\nolimits_{sólido} \overline{M}_{ext}(C)$$

Teniendo en cuenta los momentos, y que las fuerzas en J provocan momento en C,

$$\overline{CJ}x\begin{bmatrix} F''_1 \\ F''_2 \\ F''_3 \end{bmatrix}_{123} + \begin{bmatrix} 0 \\ 0 \\ 0 \end{bmatrix}_{123} + \begin{bmatrix} -M_1^* \\ 0 \\ -M_3^* \end{bmatrix}_{123} = \bar{0}$$

con $\{\overline{CJ}\}_{123} = \begin{bmatrix} 0 \\ 0 \\ -R \end{bmatrix}_{123}$

Paso 6: analizar el modelo matemático conformado por el sistema de ecuaciones.

Bastaría ahora realizar todos los productos vectoriales, operar y plantear el sistema de dieciocho ecuaciones con dieciocho incógnitas, las de enlace enumeradas anteriormente, y las ecuaciones del movimiento.

PROBLEMA 7

El esquema de la figura muestra un esquiador de masa M que coge una percha o arrastre para subir una pista. El extremo superior de la percha se mueve a la velocidad «v» del cable que, a su vez, es accionado por un motor de par desconocido T_m. Datos del motor: masa M_m, radio R y momento de inercia I_m.

El momento del arranque se ha simulado mediante un grupo muelle-amortiguador en la propia percha de masa despreciable, habiendo un desfase de velocidad conocido entre la percha y el esquiador tal y como muestra la figura. Este último se desplaza a velocidad «v/2». En los primeros metros el remonte se mueve solo horizontalmente.

Se pide, aplicando el Teorema de la Energía, calcular el valor de T_m para que la velocidad «v» se mantenga constante bajo estas hipótesis.

Datos adicionales: k y c, constantes para muelle y amortiguador conocidas. El muelle, para $\theta=30°$ está comprimido con una tensión «F».

Ayuda: La distancia L de la figura es variable siendo su variación $\dot{L} = v - \dfrac{v}{2}$ por tanto $\dot{L} = \dfrac{v}{2} = cte$

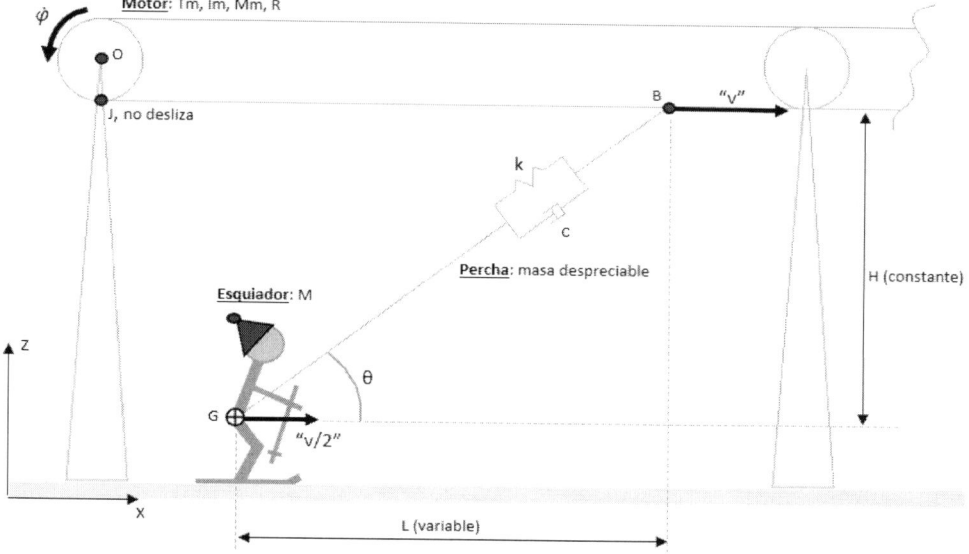

Paso previo: resolver la cinemática de movimiento plano, estableciendo las coordenadas y velocidades generalizadas, las ecuaciones de enlace y los grados de libertad.

En este caso, se tienen motor-cable, el esquiador y la percha.

Sólido	MOTOR-CABLE	ESQUIADOR	PERCHA
Situar con	O, J Punto fijo. Nunca coger J al ser una posición particular	G Punto móvil, que solo se desplaza en la horizontal. Se situará con x_G.	G Queda situado gracias al esquiador. Importante: la percha no se considera sólido rígido debido a la presencia del grupo muelle-amortiguador, por lo que no se podrán aplicar las expresiones de cinemática del sólido rígido
Orientar con	φ	--	θ

Coordenadas generalizadas: $q = \varphi, x_G, \theta$

Velocidades generalizadas: $\dot{q} = \dot{\varphi}, \dot{x}_G = {}^{v}/_{2}, \dot{\theta}$

Además, se sabe que el extremo superior de la percha avanza con v constante que es dato.

La velocidad v de avance del cable está relacionada con el giro del motor instalado sobre la pilona. Aplicando la cinemática del sólido rígido se tiene que

$$\bar{v}_{abs}(J) = \bar{v}_{abs}(O) + \bar{\Omega}_{abs}(motor) \times \overline{OJ} \text{ con } O, J \in motor$$

$$\{\bar{v}_{abs}(J)\}_{XYZ} = \begin{bmatrix} v \\ 0 \\ 0 \end{bmatrix}_{XYZ} = \begin{bmatrix} 0 \\ 0 \\ 0 \end{bmatrix}_{XYZ} + \begin{bmatrix} 0 \\ -\dot{\varphi} \\ 0 \end{bmatrix}_{XYZ} \times \begin{bmatrix} 0 \\ 0 \\ -R \end{bmatrix}_{XYZ} = \begin{bmatrix} \dot{\varphi}R \\ 0 \\ 0 \end{bmatrix}_{XYZ}$$

Así, $v = \dot{\varphi}R$, es la primera ecuación de enlace.

El problema indica que L es variable debido a que la percha no es sólido rígido, con un valor de variación de L respecto al tiempo de

$$\dot{L} = v - \frac{v}{2} = \frac{v}{2}$$

Con la geometría de la figura se puede obtener la relación entre la velocidad de los extremos de la percha y la orientación θ de la misma tal que:

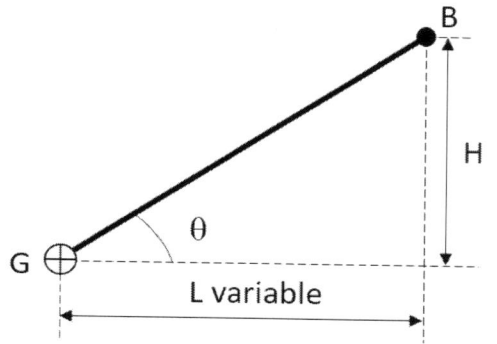

En el triángulo rectángulo,

$$tg\theta = \frac{H}{L}; \quad L = \frac{H}{tg\theta}$$

Al derivar

$$\frac{\dot{\theta}}{cos^2\theta} = \frac{-H\dot{L}}{L^2}$$

Despejando

FIGURA P7.1. Triángulo extraído de la figura para el cálculo

$$\dot{\theta} = \frac{-H\dot{L}cos^2\theta}{L^2} = \frac{-H\frac{v}{2}cos^2\theta}{\left(\frac{H}{tg\theta}\right)^2} = \frac{-\frac{v}{2}sen^2\theta}{H}$$

Esta última sería la segunda ecuación de enlace del problema.

Por tanto, al tenerse tres velocidades generalizadas, y dos ecuaciones de enlace, el problema tiene un único grado de libertad, el motor que gira con $\dot{\varphi}$ para que el cable avance con v, y pueden trabajarse todas las expresiones en función de este último parámetro.

Como el problema indica que la velocidad v es constante y conocida, también los será $\dot{\varphi}$, y la incógnita del problema pasa a ser el par motor T_m, que hace que todo el sistema se mueva.

Paso 1. Cálculo de la energía cinética del sistema. Para ello se deben identificar todos los sólidos con masa, y ver si su centro de masas se traslada, si el sólido como tal gira, o ambas cosas a la vez.

Sólido	Masa	¿Tiene su centro de gravedad velocidad absoluta no nula?	¿Tiene el sólido velocidad angular absoluta no nula?
Esquiador	Masa = M	Si, con velocidad $\{\bar{v}_{abs}(G)\}_{XYZ} = \bar{v}$	No, solo se traslada
Motor	Masa =m	No, el centro de giro O es fijo	Si, con $\{\bar{\Omega}_{abs}(motor)\}_{XYZ} = \bar{\dot{\varphi}}$
Percha	Masa=0	Se traslada, pero el sólido no tiene masa	Si, cambia de orientación, pero el sólido no tiene masa

Cálculo de las velocidades y velocidades angulares señaladas en la tabla:

$$\{\bar{v}_{abs}(G)\}_{XYZ} = \begin{bmatrix} v/2 \\ 0 \\ 0 \end{bmatrix}_{XYZ}$$

$$\{\bar{\Omega}_{abs}(motor)\}_{XYZ} = \begin{bmatrix} 0 \\ -\dfrac{v}{R} \\ 0 \end{bmatrix}_{XYZ}$$

Para el cálculo de la energía cinética, se deberá aplicar la expresión para cada uno de los sólidos del sistema que tienen masa, en este caso, esquiador y motor.

$$T_{ABS} = \frac{1}{2} m_S \cdot \bar{v}_{ABS}^2(G) + \frac{1}{2}\bar{\Omega}_S^T \cdot \bar{\bar{I}}_G \cdot \bar{\Omega}_s$$

$$T_{ABS} = T_{ABS-esquiador} + T_{ABS-motor}$$

$$T_{ABS} = \frac{1}{2} M \cdot \begin{bmatrix} v/2 \\ 0 \\ 0 \end{bmatrix}_{XYZ} \begin{bmatrix} v/2 \\ 0 \\ 0 \end{bmatrix}_{XYZ} + \frac{1}{2}\begin{bmatrix} 0 & -\dfrac{v}{R} & 0 \end{bmatrix}_{XYZ} \begin{bmatrix} - & - & - \\ - & I_m & - \\ - & - & - \end{bmatrix}\begin{bmatrix} 0 \\ -\dfrac{v}{R} \\ 0 \end{bmatrix}_{XYZ} =$$

$$= \frac{1}{8} M v^2 + \frac{1}{2} I_m \frac{v^2}{R^2}$$

Paso 2. Cálculo de la potencia intercambiada en el sistema, debida a las acciones que producen potencia. En este caso se deberán encontrar todos aquellos puntos que se trasladan con velocidad distinta de cero y que tienen aplicada una fuerza, y los sólidos con momento aplicado y que además giran.

Es importante tener en cuenta, que todas las acciones verdaderas activas tienen acción y reacción, por lo que las reacciones también deben ser evaluadas.

Puntos con velocidad no nula	Fuerza aplicada	Solidos con rotación	Par aplicado
G: $\{\bar{v}_{abs}(G)\}_{XYZ} = \bar{v}/2$	Gravedad: $M\bar{g}$ Muelle: $\bar{F}_k(G)$ Amortiguador $\bar{F}_c(G)$	Motor: $\{\bar{\Omega}_{abs}(motor)\}_{XYZ}$	$\bar{T}_m$ La reacción recae sobre la pilona, pero esta no gira
B: $\{\bar{v}_{abs}(B)\}_{XYZ} = \bar{v}$	Muelle: $\bar{F}_k(B)$ Amortiguador: $\bar{F}_c(B)$		--

Cálculo de las velocidades y velocidades angulares no nulas, y de fuerzas y momentos señaladas en la tabla.

Las velocidades de G y B, así como la velocidad angular del motor se tienen calculadas en el paso 1. Se detallan a continuación fuerzas y momentos:

$$\{M\bar{g}\}_{XYZ} = \begin{bmatrix} 0 \\ 0 \\ -Mg \end{bmatrix}_{XYZ} \quad ; \quad \{\bar{T}_m\}_{XYZ} = \begin{bmatrix} 0 \\ -T_m \\ 0 \end{bmatrix}_{XYZ}$$

donde a T_m tiene signo negativo según lo indicado en la figura del problema.

Se va ahora a resolver el grupo muelle-amortiguador.

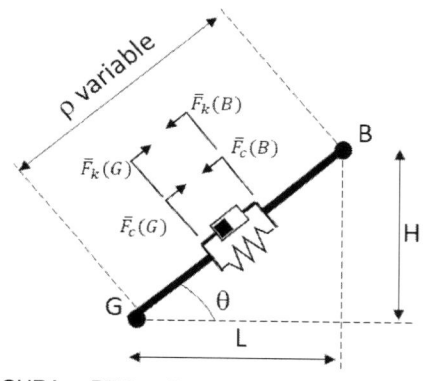

En primer lugar, se va a analizar la dirección de las fuerzas de los dos elementos del grupo.

Las fuerzas del muelle van hacia dentro, porque siempre se supondrán así en base a la expresión utilizada:

$$F_K(A) = k(\rho - \rho_0)$$

Las fuerzas del amortiguador se oponen al movimiento. Dado que los puntos G y B se están separando, las fuerzas irán hacia dentro también.

En primer lugar, se comenzará calculando el muelle.

FIGURA P7.2. Fuerzas en grupo muelle-amortiguador

Para ello, se va a localiza en el esquema el triángulo rectángulo que permita hacer los cálculos. Este triangulo será el que se muestra a continuación:

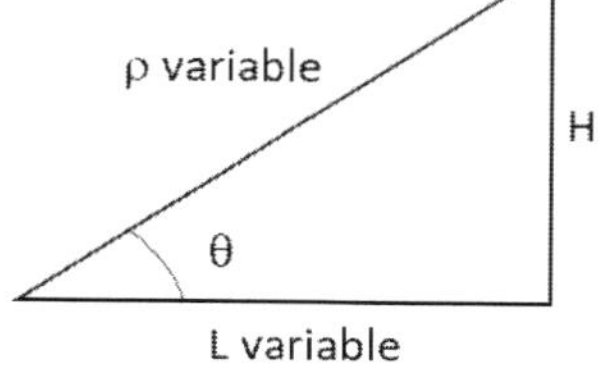

la condición inicial del muelle, se tendrá

$$\rho = \frac{H}{sen\theta}$$

Al sustituir en la expresión

FIGURA P7.3. Triángulo extraído de la figura para el cálculo

$$F_K(G) = k(\rho - \rho_0)$$

se tiene

$$F_K(G) = k\left(\frac{H}{sen\theta} - \rho_0\right)$$

La condición inicial del muelle es que $F_K(G) = -F$ puesto que el muelle está comprimido para $\theta=30°$, por tanto, y dado que $sen\ 30 = 1/2$

$$-F = k\left(\frac{H}{1/2} - \rho_0\right) = k(2H - \rho_0)$$

Despejando:

$$\rho_0 = 2H + \frac{F}{K}$$

Y al final se tiene

$$F_K(G) = k\left(\frac{H}{sen\theta} - 2H - \frac{F}{K}\right)$$

Es importante entender que este valor es para la dirección del muelle, y será necesario proyectar en los ejes de trabajo, que en este caso se decide que sean $\bar{X}\bar{Y}\bar{Z}$. De esta manera, la fuerza del muelle en los puntos G y B respectivamente son:

$$\bar{F}_K(G) = \begin{bmatrix} F_K(G)cos\theta \\ 0 \\ F_K(G)sen\theta \end{bmatrix}_{XYZ} = \begin{bmatrix} k\left(\dfrac{H}{sen\theta} - 2H - \dfrac{F}{K}\right)cos\theta \\ 0 \\ k\left(\dfrac{H}{sen\theta} - 2H - \dfrac{F}{K}\right)sen\theta \end{bmatrix}_{XYZ}$$

$$\bar{F}_K(B) = \begin{bmatrix} -F_K(G)cos\theta \\ 0 \\ -F_K(G)sen\theta \end{bmatrix}_{XYZ} = \begin{bmatrix} -k\left(\dfrac{H}{sen\theta} - 2H - \dfrac{F}{K}\right)cos\theta \\ 0 \\ -k\left(\dfrac{H}{sen\theta} - 2H - \dfrac{F}{K}\right)sen\theta \end{bmatrix}_{XYZ}$$

Para el cálculo de la fuerza del amortiguador, bastará con derivar la expresión de ρ respecto al tiempo sabiendo que la variable es el ángulo θ, y multiplicar por la constante c. por tanto su módulo queda:

$$|\dot{\rho}| = \left|\frac{d}{dt}\rho\right| = \left|\frac{d}{dt}\frac{H}{sen\theta}\right| = \left|\frac{-H\dot{\theta}cos\theta}{sen^2\theta}\right|$$

con

$$F_c(G) = c\left|\frac{-H\dot{\theta}cos\theta}{sen^2\theta}\right| = c\frac{H\dot{\theta}cos\theta}{sen^2\theta}$$

De la misma manera que en el caso del muelle, será necesario proyectar para obtener la forma vectorial de las fuerzas del amortiguador. Siguiendo la dirección de las fuerzas supuestas en la figura P7.2.

$$\bar{F}_c(G) = \begin{bmatrix} F_c(G)cos\theta \\ 0 \\ F_c(G)sen\theta \end{bmatrix}_{XYZ} = \begin{bmatrix} c\dfrac{H\dot{\theta}cos\theta}{sen^2\theta}cos\theta \\ 0 \\ c\dfrac{H\dot{\theta}cos\theta}{sen^2\theta}sen\theta \end{bmatrix}_{XYZ}$$

$$\bar{F}_c(B) = \begin{bmatrix} -F_c(G)cos\theta \\ 0 \\ -F_c(G)sen\theta \end{bmatrix}_{XYZ} = \begin{bmatrix} -c\dfrac{H\dot{\theta}cos\theta}{sen^2\theta}cos\theta \\ 0 \\ -c\dfrac{H\dot{\theta}cos\theta}{sen^2\theta}sen\theta \end{bmatrix}_{XYZ}$$

Se aplica ahora la expresión para el cálculo de la potencia intercambiada:

$$\frac{dW}{dt} = \sum_S [\bar{F}(P) \cdot \bar{v}_{ABS}(P)] + \sum_S [\bar{M}_S \cdot \bar{\Omega}_S]$$

$$\frac{dW}{dt} = \begin{bmatrix} 0 \\ 0 \\ -Mg \end{bmatrix}_{XYZ} \begin{bmatrix} v/2 \\ 0 \\ 0 \end{bmatrix}_{XYZ} + \begin{bmatrix} k\left(\dfrac{H}{sen\theta} - 2H - \dfrac{F}{K}\right)cos\theta \\ 0 \\ k\left(\dfrac{H}{sen\theta} - 2H - \dfrac{F}{K}\right)sen\theta \end{bmatrix}_{XYZ} \begin{bmatrix} v/2 \\ 0 \\ 0 \end{bmatrix}_{XYZ} +$$

$$+ \begin{bmatrix} c\dfrac{H\dot\theta\cos\theta}{sen^2\theta}\cos\theta \\ 0 \\ c\dfrac{H\dot\theta\cos\theta}{sen^2\theta}sen\theta \end{bmatrix}_{XYZ} \begin{bmatrix} v/2 \\ 0 \\ 0 \end{bmatrix}_{XYZ} + \begin{bmatrix} -k\left(\dfrac{H}{sen\theta}-2H-\dfrac{F}{K}\right)\cos\theta \\ 0 \\ -k\left(\dfrac{H}{sen\theta}-2H-\dfrac{F}{K}\right)sen\theta \end{bmatrix}_{XYZ} \begin{bmatrix} v \\ 0 \\ 0 \end{bmatrix}_{XYZ} +$$

$$+ \begin{bmatrix} -c\dfrac{H\dot\theta\cos\theta}{sen^2\theta}\cos\theta \\ 0 \\ -c\dfrac{H\dot\theta\cos\theta}{sen^2\theta}sen\theta \end{bmatrix}_{XYZ} \begin{bmatrix} v \\ 0 \\ 0 \end{bmatrix}_{XYZ} + \begin{bmatrix} 0 \\ -T_m \\ 0 \end{bmatrix}_{XYZ} \begin{bmatrix} 0 \\ v \\ -\dfrac{v}{R} \\ 0 \end{bmatrix}_{XYZ} =$$

$$= \left(k\left(\frac{H}{sen\theta}-2H-\frac{F}{K}\right)\cos\theta + c\frac{H\dot\theta\cos^2\theta}{sen^2\theta}\right)\frac{v}{2}$$

$$+ \left(-k\left(\frac{H}{sen\theta}-2H-\frac{F}{K}\right)\cos\theta - c\frac{H\dot\theta\cos^2\theta}{sen^2\theta}\right)v + T_m\frac{v}{R} =$$

$$= -k\left(\frac{H}{sen\theta}-2H-\frac{F}{K}\right)\frac{v}{2}\cos\theta - c\frac{H\dot\theta\cos^2\theta}{sen^2\theta}\frac{v}{2} + T_m\frac{v}{R}$$

Obsérvese que cuando una fuerza en un punto es perpendicular a la velocidad de ese punto, la fuerza no produce potencia. Este es el caso de la gravedad y de las componentes verticales de las fuerzas de muelle y amortiguador, porque tanto G como B solo tienen componente horizontal de la velocidad.

Se destaca también el signo negativo de la potencia generada por el amortiguador, ya que en cómputo general el amortiguador siempre va a disipar potencia. En este caso concreto, también el muelle disipa potencia.

Paso 3. Aplicación del teorema de la Energía. Para ello, se deberá derivar la energía cinética obtenida en el primer paso, y posteriormente igualar a la potencia calculada en el paso dos.

$$\frac{dT_{ABS}}{dt} = \frac{d}{dt}\left(\frac{1}{8}Mv^2 + \frac{1}{2}I_m\frac{v^2}{R^2}\right) = 0$$

dado que v es constante. Entonces,

$$\frac{dT_{ABS}}{dt} = \frac{dW}{dt}$$

$$0 = -k\left(\frac{H}{sen\theta}-2H-\frac{F}{K}\right)\frac{v}{2}\cos\theta - c\frac{H\dot\theta\cos^2\theta}{sen^2\theta}\frac{v}{2} + T_m\frac{v}{R}$$

de donde se deduce al despejar que

$$T_m = \frac{R}{v}\left(k\left(\frac{H}{sen\theta} - 2H - \frac{F}{K}\right)\frac{v}{2}cos\theta - c\frac{H\dot{\theta}cos^2\theta}{sen^2\theta}\frac{v}{2}\right)$$

Dado que puede simplificar v, finalmente quedará:

$$T_m = \frac{R}{2}\left(k\left(\frac{H}{sen\theta} - 2H - \frac{F}{K}\right)cos\theta - c\frac{H\dot{\theta}}{tg^2\theta}\right)$$

es decir, que el par motor T_m es función de θ y $\dot{\theta}$, variable en el arranque. Además, a la vista del resultado, se puede afirmar que el motor en este caso, solo está compensado la potencia que disipan muelle y amortiguador para que el sistema mecánico funcione.

PROBLEMA 8

En la figura se muestra una cesta elevadora en la que un operario cambia las luminarias fundidas. La cesta elevadora puede subir y bajar verticalmente gracias a un par de barras articuladas de masa despreciable, tal que un motor y situado en la conexión C entre barras ejerce un par motor T_m.

La primera barra gira en torno al punto fijo O, y articula con la segunda en el punto C. Finalmente, la segunda barra conecta con la cesta en G, su centro de gravedad. La cesta junto con el operario es el único sólido con masa M.

Entre las barras se tiene un grupo muelle-amortiguador de constantes conocidas k y c respectivamente. Además, se sabe que para $\theta=30°$, el muelle se encuentra comprimido con una tensión T.

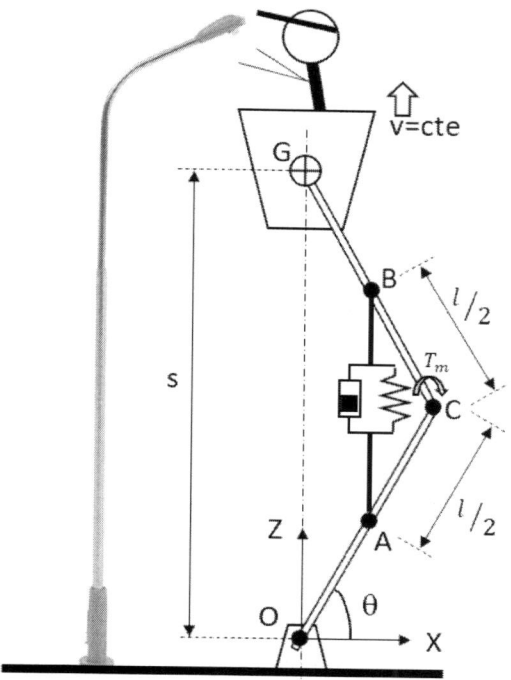

Aplicando el teorema de la energía, se pide calcular el valor del par motor para que la cesta suba con velocidad v=cte.

Paso previo: resolver la cinemática de movimiento plano, estableciendo las coordenadas y velocidades generalizadas, las ecuaciones de enlace y los grados de libertad.

En este caso, se tienen dos barras y la cesta con el individuo.

Sólido	BARRA 1	BARRA 2	CESTA-OPERARIO
Situar con	O, A, C Se escoge O que es punto fijo.	C, B, G El punto C es compartido con la varilla 1, por lo tanto, así queda situada la varilla 2	G El punto G es compartido con la varilla 2, y así queda situada la cesta.
Orientar con	θ	$-\theta$, por simetría. Obsérvese el signo negativo en este caso.	--

Coordenadas generalizadas: $q = \theta$

Velocidades generalizadas: $\dot{q} = \dot{\theta}$, v, siendo $\dot{s} = v$

Inicialmente se tiene la coordenada generalizada θ, pero al enumerar las velocidades generalizadas, se añade v, por ser un dato adicional en el enunciado del problema. Esto implica la necesidad de encontrar la ecuación de enlace entre $\dot{\theta}$ y v, que en este caso se va a obtener por geometría.

En la imagen, la distancia s se corresponde con la proyección en la vertical de la longitud de las varillas 1 y 2, por tanto:

$$s = 2l\,\mathrm{sen}\,\theta$$

Al derivar

$$\dot{s} = v = 2l\dot{\theta}\cos\theta$$

Paso 1. Cálculo de la energía cinética del sistema. Para ello se deben identificar todos los sólidos con masa, y ver si su centro de masas se traslada, si el sólido como tal gira, o ambas cosas a la vez.

Sólido	Masa	¿Tiene su centro de gravedad velocidad absoluta no nula?	¿Tiene el sólido velocidad angular absoluta no nula?
Barra 1	Masa = 0	Si, pero el sólido no tiene masa	Si, pero el sólido no tiene masa
Barra 2	Masa = 0	Si, pero el sólido no tiene masa	Si, pero el sólido no tiene masa
Cesta	Masa = M	Si, con $\{\bar{v}_{abs}(G)\}_{XYZ}$ solo vertical y que hay que calcular	No, solo se traslada

La única velocidad a calcular en este caso es la de G de la cesta, que puesta en forma de vector:

$$\{\bar{v}_{abs}(G)\}_{XYZ} = \begin{bmatrix} 0 \\ 0 \\ v \end{bmatrix}_{XYZ}$$

Para el cálculo de la energía cinética, se deberá aplicar la expresión para cada uno de los sólidos del sistema que tienen masa, solo la cesta

$$T_{ABS} = \frac{1}{2} m_S \cdot \bar{v}_{ABS}^2(G) + \frac{1}{2} \bar{\Omega}_S^T \cdot \bar{\bar{I}}_G \cdot \bar{\Omega}_S$$

$$T_{ABS} = T_{ABS-cesta}$$

$$T_{ABS} = \frac{1}{2} M \cdot \begin{bmatrix} 0 \\ 0 \\ v \end{bmatrix}_{XYZ} \begin{bmatrix} 0 \\ 0 \\ v \end{bmatrix}_{XYZ} = \frac{1}{2} M v^2$$

Paso 2. Cálculo de la potencia en el sistema, debida a las acciones que la producen. En este caso se deberán encontrar todos aquellos puntos que se trasladan con velocidad distinta de cero y que tienen aplicada una fuerza, y los sólidos con momento aplicado y que además giran.

Es importante tener en cuenta, que todas las acciones verdaderas activas tienen acción y reacción, por lo que las reacciones también deben ser evaluadas.

Puntos con velocidad no nula	Fuerza aplicada	Solidos con rotación	Par aplicado
G: $\{\bar{v}_{abs}(G)\}_{XYZ} = \bar{v}$	Gravedad: $M\bar{g}$	Barra 1: $\{\bar{\Omega}_{abs}(varilla1)\}_{XYZ}$	$-\bar{T}_m$
A: $\{\bar{v}_{abs}(A)\}_{XYZ}$	Muelle: $\bar{F}_k(A)$ Amortiguador: $\bar{F}_c(A)$	Barra 2: $\{\bar{\Omega}_{abs}(varilla\ 2)\}_{XYZ}$	$\bar{T}_m$ Importante: sobre la Barra 2, recae la reacción del par motor aplicado en la Barra 1
B: $\{\bar{v}_{abs}(B)\}_{XYZ}$	Muelle: $\bar{F}_k(B)$ Amortiguador $\bar{F}_c(B)$		

Cálculo de las velocidades y velocidades angulares no nulas, y de fuerzas y momentos señaladas en la tabla.

La velocidad absoluta de G ha sido obtenida anteriormente, se calculan entonces las correspondientes a A y B:

$$\bar{v}_{abs}(A) = \bar{v}_{abs}(O) + \bar{\Omega}_{abs}(varilla\ 1)x\overline{OA}\ con\ O, A\epsilon\ varilla\ 1$$

$$\{\bar{v}_{abs}(A)\}_{XYZ} = \begin{bmatrix} 0 \\ 0 \\ 0 \end{bmatrix}_{XYZ} + \begin{bmatrix} 0 \\ -\dot{\theta} \\ 0 \end{bmatrix}_{XYZ} x \begin{bmatrix} {l}/{2}\cos\theta \\ 0 \\ {l}/{2}\sin\theta \end{bmatrix}_{XYZ} = \begin{bmatrix} -\dot{\theta}\,{l}/{2}\sin\theta \\ 0 \\ \dot{\theta}\,{l}/{2}\cos\theta \end{bmatrix}_{XYZ}$$

$$\bar{v}_{abs}(B) = \bar{v}_{abs}(C) + \bar{\Omega}_{abs}(varilla\ 2)x\overline{CB}\ con\ C, B\epsilon\ varilla\ 2$$

$$\bar{v}_{abs}(C) = \bar{v}_{abs}(O) + \bar{\Omega}_{abs}(varilla\ 1)x\overline{OC}\ con\ C, B\epsilon\ varilla\ 1$$

$$\{\bar{v}_{abs}(B)\}_{XYZ} = \left(\begin{bmatrix} 0 \\ 0 \\ 0 \end{bmatrix}_{XYZ} + \begin{bmatrix} 0 \\ -\dot{\theta} \\ 0 \end{bmatrix}_{XYZ} x \begin{bmatrix} l\cos\theta \\ 0 \\ l\sin\theta \end{bmatrix}_{XYZ}\right) + \begin{bmatrix} 0 \\ \dot{\theta} \\ 0 \end{bmatrix}_{XYZ} x \begin{bmatrix} -{l}/{2}\cos\theta \\ 0 \\ {l}/{2}\sin\theta \end{bmatrix}_{XYZ} =$$

$$= \begin{bmatrix} -\dot{\theta}\,{l}/{2}\sin\theta \\ 0 \\ \dot{\theta}\,{3l}/{2}\cos\theta \end{bmatrix}_{XYZ}$$

La fuerza de la gravedad y el par motor sobre la varilla 2 se expresan como

$$\{M\bar{g}\}_{XYZ} = \begin{bmatrix} 0 \\ 0 \\ -Mg \end{bmatrix}_{XYZ}$$

$$\{\bar{T}_m\}_{XYZ} = \begin{bmatrix} 0 \\ T_m \\ 0 \end{bmatrix}_{XYZ}$$

Se va ahora a resolver el grupo muelle-amortiguador.

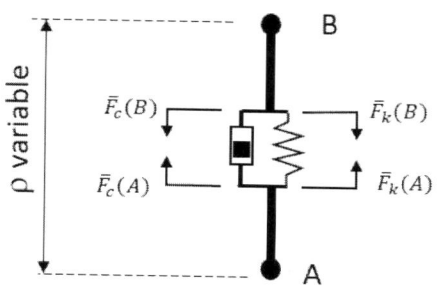

FIGURA P8.1. Fuerzas en grupo muelle-amortiguador

Como en problemas anteriores se va a concretar en primer lugar la dirección de las fuerzas.

Las fuerzas del muelle van hacia dentro, porque siempre se supondrán así en base a la expresión utilizada:

$$F_K(A) = k(\rho - \rho_0)$$

Las fuerzas del amortiguador se oponen al movimiento.

Dado que los puntos A y B se están separando, las fuerzas irán hacia dentro también en este caso.

En primer lugar, se comenzará calculando el muelle En este caso y según la geometría

$$\rho = lsen\theta$$

Al sustituir en la expresión de cálculo de fuerza del muelle se llegará a

$$F_K(A) = k(lsen\theta - \rho_0)$$

La condición inicial del muelle es que para θ=30° el muelle está comprimido con una tensión T, entonces

$$-T = k(lsen30 - \rho_0)$$

por lo que finalmente

$$\rho_0 = \frac{l}{2} + \frac{T}{K}$$

Y la expresión para la fuerza del muelle será

$$F_K(A) = k(lsen\theta - \frac{l}{2} - \frac{T}{K})$$

Ahora, se va a poner esta fuerza en forma vectorial, proyectando en $\bar{X}\bar{Y}\bar{Z}$:

$$\bar{F}_K(A) = \begin{bmatrix} 0 \\ 0 \\ F_K(A) \end{bmatrix}_{XYZ} = \begin{bmatrix} 0 \\ 0 \\ k(lsen\theta - \dfrac{l}{2} - \dfrac{T}{K}) \end{bmatrix}_{XYZ}$$

$$\bar{F}_K(B) = \begin{bmatrix} 0 \\ 0 \\ -F_K(A) \end{bmatrix}_{XYZ} = \begin{bmatrix} 0 \\ 0 \\ -k(lsen\theta - \dfrac{l}{2} - \dfrac{T}{K}) \end{bmatrix}_{XYZ}$$

Para el cálculo de la fuerza del amortiguador, hay que derivar la expresión de ρ respecto al tiempo, sabiendo que la variable es el ángulo θ, e introducir la constante c en la expresión.

Por tanto

$$|\dot{\rho}| = \left|\frac{d}{dt}\rho\right| = \left|\frac{d}{dt}lsen\theta\right| = |l\dot{\theta}cos\theta| = l\dot{\theta}cos\theta$$

siendo

$$F_c(A) = c|\dot{\rho}| = cl\dot{\theta}cos\theta$$

De la misma manera que en el caso del muelle, será necesario proyectar para obtener la forma vectorial de las fuerzas del amortiguador. Siguiendo la dirección de las fuerzas supuestas en la figura P8.1.

$$\bar{F}_c(A) = \begin{bmatrix} 0 \\ 0 \\ F_c(A)sen\theta \end{bmatrix}_{XYZ} = \begin{bmatrix} 0 \\ 0 \\ cl\dot{\theta}cos\theta \end{bmatrix}_{XYZ}$$

$$\bar{F}_c(B) = \begin{bmatrix} 0 \\ 0 \\ -F_c(A)sen\theta \end{bmatrix}_{XYZ} = \begin{bmatrix} 0 \\ 0 \\ -cl\dot{\theta}cos\theta \end{bmatrix}_{XYZ}$$

Ahora, ya se puede aplicar la expresión para el cálculo de potencia:

$$\frac{dW}{dt} = \sum_S [\bar{F}(P) \cdot \bar{v}_{ABS}(P)] + \sum_S [\bar{M}_S \cdot \bar{\Omega}_S]$$

$$\frac{dW}{dt} = \begin{bmatrix} 0 \\ 0 \\ -Mg \end{bmatrix}_{XYZ} \begin{bmatrix} 0 \\ 0 \\ v \end{bmatrix}_{XYZ} + \begin{bmatrix} 0 \\ 0 \\ k\left(lsen\theta - \frac{l}{2} - \frac{T}{K}\right) \end{bmatrix}_{XYZ} \begin{bmatrix} -\dot\theta \frac{l}{2} sen\theta \\ 0 \\ \dot\theta \frac{l}{2} cos\theta \end{bmatrix}_{XYZ} +$$

$$+ \begin{bmatrix} 0 \\ 0 \\ cl\dot\theta cos\theta \end{bmatrix}_{XYZ} \begin{bmatrix} -\dot\theta \frac{l}{2} sen\theta \\ 0 \\ \dot\theta \frac{l}{2} cos\theta \end{bmatrix}_{XYZ} + \begin{bmatrix} 0 \\ 0 \\ -k\left(lsen\theta - \frac{l}{2} - \frac{T}{K}\right) \end{bmatrix}_{XYZ} \begin{bmatrix} -\dot\theta \,{}^l/_2 \, sen\theta \\ 0 \\ \dot\theta \, 3l/_2 \, cos\theta \end{bmatrix}_{XYZ} +$$

$$+ \begin{bmatrix} 0 \\ 0 \\ -cl\dot\theta cos\theta \end{bmatrix}_{XYZ} \begin{bmatrix} -\dot\theta \,{}^l/_2 \, sen\theta \\ 0 \\ \dot\theta \, 3l/_2 \, cos\theta \end{bmatrix}_{XYZ} + \begin{bmatrix} 0 \\ T_m \\ 0 \end{bmatrix}_{XYZ} \begin{bmatrix} 0 \\ \dot\theta \\ 0 \end{bmatrix}_{XYZ} + \begin{bmatrix} 0 \\ -T_m \\ 0 \end{bmatrix}_{XYZ} \begin{bmatrix} 0 \\ -\dot\theta \\ 0 \end{bmatrix}_{XYZ} =$$

$$= -Mgv - k\left(lsen\theta - \frac{l}{2} - \frac{T}{K}\right) l\dot\theta cos\theta - c\, l^2 \dot\theta^2 cos^2\theta + 2T_m \dot\theta$$

Obsérvese que la masa de la cesta, el efecto del muelle, y el efecto del amortiguador restan potencia al sistema, ya que todos estos términos llevan signo negativo. Solo el motor está aportando potencia al sistema, para vencer el efecto de los tres términos mencionados anteriormente.

Paso 3. Aplicación del teorema de la Energía. Para ello, se deberá derivar la energía cinética obtenida en el primer paso, y posteriormente igualar a la potencia calculada en el paso dos.

$$\frac{dT_{ABS}}{dt} = \frac{d}{dt}\left(\frac{1}{2}Mv^2\right) = 0$$

dado que v es constante. Aplicando ahora el teorema:

$$\frac{dT_{ABS}}{dt} = \frac{dW}{dt}$$

$$0 = -Mgv - k\left(lsen\theta - \frac{l}{2} - \frac{T}{K}\right) l\dot\theta cos\theta - c\, l^2 \dot\theta^2 cos^2\theta + 2T_m \dot\theta$$

de donde se deduce al despejar que

$$T_m = lcos\theta\left(Mg + \frac{k}{2}\left(lsen\theta - \frac{l}{2} - \frac{T}{K}\right) + \frac{c}{2}l\dot\theta cos\theta\right)$$

habiendo sustituido v por su valor.

Supongamos ahora una variación del problema, de tal manera que T_m fuera constante y dato, y lo que se estuviera pidiendo es la ecuación del movimiento asociada a la velocidad v.

Para este caso se tendría:

$$\frac{dT_{ABS}}{dt} = \frac{d}{dt}\left(\frac{1}{2}Mv^2\right) \neq 0$$

dado que ya no se indica que v deba ser constante. Entonces,

$$\frac{dT_{ABS}}{dt} = M\dot{v}v$$

y al igualar

$$\frac{dT_{ABS}}{dt} = \frac{dW}{dt}$$

quedaría

$$M\dot{v}v = -Mgv - \frac{k}{2}\left(lsen\theta - \frac{l}{2} - \frac{T}{K}\right)l\dot{\theta}cos\theta - \frac{c}{2}l^2\dot{\theta}^2cos^2\theta + 2T_m\dot{\theta}$$

Si se sabe que

$$v = 2l\dot{\theta}cos\theta$$

y que

$$\dot{v} = 2l\left(\ddot{\theta}cos\theta - \dot{\theta}^2sen\theta\right)$$

finalmente quedaría la ecuación del movimiento, obsérvese que $\dot{\theta}$ no es constante:

$$M2l\left(\ddot{\theta}cos\theta - \dot{\theta}^2sen\theta\right)2l\dot{\theta}cos\theta$$
$$= -Mg2l\dot{\theta}cos\theta - \frac{k}{2}\left(lsen\theta - \frac{l}{2} - \frac{T}{K}\right)l\dot{\theta}cos\theta - \frac{c}{2}l^2\dot{\theta}^2cos^2\theta + 2T_m\dot{\theta}$$

PROBLEMA 9

El vehículo mostrado está compuesto por un conjunto de chasis con individuo de masa M y momento de inercia I_G, y dos ruedas iguales de masa m, momento de inercia I_C y radio R. Durante su operación, el grupo muelle-amortiguador de constantes de disipación viscosa c y elástica k conocidas, mantiene siempre contacto con el suelo a través de un patín de masa despreciable y que desliza.

Se conoce que para $\theta=0°$, el muelle está comprimido con una tensión T.

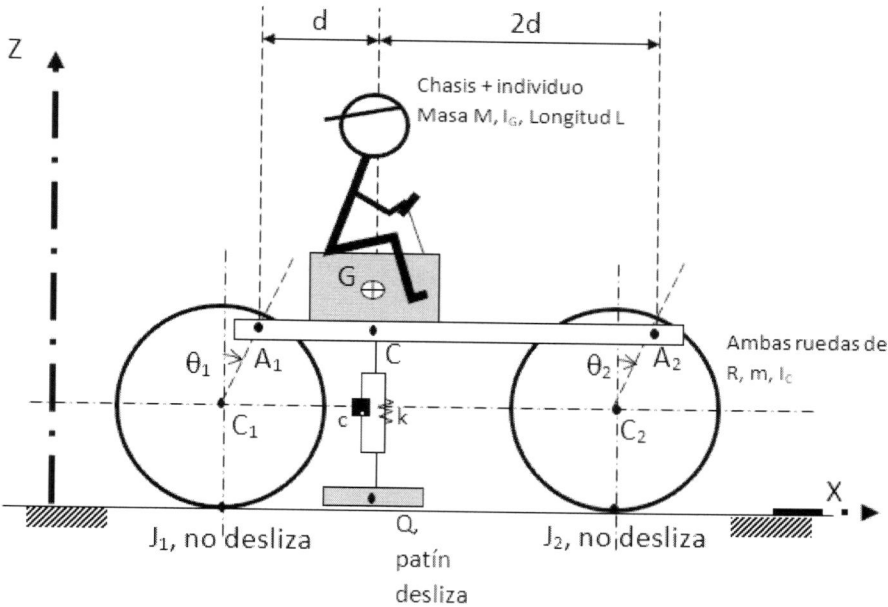

Aplicando el teorema de la energía, determinar la ecuación del movimiento del sistema mecánico. En el caso de que entre el suelo y el patín existiera ahora un rozamiento μ conocido y constante, modificar la ecuación antes obtenida para incluir esta circunstancia.

Paso previo: resolver la cinemática de movimiento plano, estableciendo las coordenadas y velocidades generalizadas, las ecuaciones de enlace y los grados de libertad.

En este caso, se tienen dos ruedas, un patín y un conjunto chasis-individuo.

Sólido	RUEDA 1	RUEDA 2	CHASIS-INDIVIDUO	PATÍN
Situar con	C_1, A_1, J1 Se sitúa C_1 mediante la coordenada x. Nunca coger J al ser una posición particular	C_2, A_2, J_2 Las ruedas se mantienen en todo momento a la misma distancia, por tener ambas el mismo radio y el chasis estar montado sobre ellas en puntos análogos. Se sitúa C_2 mediante la misma coordenada x que C_1. Nunca coger J al ser una posición particular	G, C, A_1, A_2 Al compartir el chasis con la rueda 1 el punto A_1, y estar la rueda situada y orientada, ya se tiene situado el chasis.	Q El punto Q siempre se mantiene en la vertical debajo de C, por lo que la coordenada horizontal que sitúa al chasis, también sitúa al patín.
Orientar con	θ	--	-- No cambia de orientación	--

Coordenadas generalizadas: $q = x, \theta$
Velocidades generalizadas: $\dot{q} = \dot{x}, \dot{\theta}$

Se va a buscar la ecuación de enlace entre las dos velocidades generalizadas, utilizando la cinemática del sólido rígido, y aprovechando la condición de rodadura sin deslizamiento de las ruedas sobre el suelo.

$$[\bar{v}_{abs}(J)]_{suelo} = [\bar{v}_{abs}(J)]_{rueda}$$

Como el suelo tiene velocidad nula, se cumplirá que

$$[\bar{v}_{abs}(J)]_{rueda} = \bar{0}$$

Conocida la velocidad de J, se tiene

$$\bar{v}_{abs}(C_1) = \bar{v}_{abs}(J) + \bar{\Omega}_{abs}(rueda\ 1) x \overline{JC_1} \text{ con } J, C_1 \epsilon\ rueda\ 1$$

Por tanto,

$$\{\bar{v}_{abs}(C_1)\}_{123} = \begin{bmatrix} 0 \\ 0 \\ 0 \end{bmatrix}_{XYZ} + \begin{bmatrix} 0 \\ \dot{\theta} \\ 0 \end{bmatrix}_{XYZ} x \begin{bmatrix} 0 \\ 0 \\ R \end{bmatrix}_{XYZ} = \begin{bmatrix} \dot{\theta}R \\ 0 \\ 0 \end{bmatrix}_{XYZ}$$

con $\{\overline{\Omega}_{abs}(rueda)\}_{123} = \begin{bmatrix} 0 \\ \dot{\theta} \\ 0 \end{bmatrix}_{XYZ}$ y $\{\overline{JC}\}_{123} = \begin{bmatrix} 0 \\ 0 \\ R \end{bmatrix}_{XYZ}$.

Como se ha definido que

$$\{\bar{v}_{abs}(C_1)\}_{123} = \begin{bmatrix} \dot{x} \\ 0 \\ 0 \end{bmatrix}_{XYZ}$$

se tiene la ecuación de enlace:

$$\dot{x} = \dot{\theta} R$$

Análogamente se cumplirá que

$$\{\bar{v}_{abs}(C_2)\}_{123} = \begin{bmatrix} \dot{x} \\ 0 \\ 0 \end{bmatrix}_{XYZ}$$

El problema tiene un único grado de libertad, siendo la ecuación del movimiento la incógnita que pide calcular el problema

Paso 1. Cálculo de la energía cinética del sistema. Para ello se deben identificar todos los sólidos con masa, y ver si su centro de masas se traslada, si el sólido como tal gira, o ambas cosas a la vez.

Sólido	Masa	¿Tiene su centro de gravedad velocidad absoluta no nula?	¿Tiene el sólido velocidad angular absoluta no nula?
Chasis	Masa = M	Si, con $\{\bar{v}_{abs}(G)\}_{XYZ}$ que habrá que calcular	No, el chasis no cambia de orientación
Rueda 1	Masa = m	Si, con $\{\bar{v}_{abs}(C_1)\}_{XYZ}$	Si, con $\{\overline{\Omega}_{abs}(rueda1)\}_{XYZ}$
Rueda 2	Masa = m	Si, con $\{\bar{v}_{abs}(C_2)\}_{XYZ}$	Si, con $\{\overline{\Omega}_{abs}(rueda2)\}_{XYZ}$
Patín	Masa = 0	Si, pero el sólido no tiene masa	No, el patín no cambia de orientación y además no tiene masa

Las velocidades absolutas de los puntos incluidos en la tabla son

$$\bar{v}_{abs}(G) = \bar{v}_{abs}(A_1) + \overline{\Omega}_{abs}(chasis)x\overline{A_1G} \text{ con } A_1, G \epsilon \text{ rueda } 1$$

donde se cumple que $\bar{v}_{abs}(G) = \bar{v}_{abs}(A_1)$, puesto que el chasis no gira.

$$\bar{v}_{abs}(A_1) = \bar{v}_{abs}(C_1) + \overline{\Omega}_{abs}(rueda1) x \overline{C_1 A_1} \text{ con } A_1, C_1 \epsilon \text{ } rueda \text{ } 1$$

$$\{\bar{v}_{abs}(A_1)\}_{XYZ} = \begin{bmatrix} \dot{x} \\ 0 \\ 0 \end{bmatrix}_{XYZ} + \begin{bmatrix} 0 \\ \dot{\theta} \\ 0 \end{bmatrix}_{XYZ} x \begin{bmatrix} Rsen\theta \\ 0 \\ Rcos\theta \end{bmatrix}_{XYZ} = \begin{bmatrix} \dot{x} + \dot{\theta}Rcos\theta \\ 0 \\ -\dot{\theta}Rsen\theta \end{bmatrix}_{XYZ}$$

Las velocidades de C_1 y C_2 están calculadas anteriormente.

Para el cálculo de la energía cinética, se deberá aplicar la expresión para cada uno de los sólidos del sistema que tienen masa, chasis y las dos ruedas. Se pondrá la expresión final únicamente en función de la variable $\dot{\theta}$.

$$T_{ABS} = \frac{1}{2}m_S \cdot \bar{v}_{ABS}^2(G) + \frac{1}{2}\overline{\Omega}_S^T \cdot \bar{I}_G \cdot \overline{\Omega}_s$$

$$T_{ABS} = T_{ABS-chasis} + T_{ABS-rueda1} + T_{ABS-rueda2}$$

$$T_{ABS} = \frac{1}{2}M \begin{bmatrix} \dot{x} + \dot{\theta}Rcos\theta \\ 0 \\ -\dot{\theta}Rsen\theta \end{bmatrix}_{XYZ} \begin{bmatrix} \dot{x} + \dot{\theta}Rcos\theta \\ 0 \\ -\dot{\theta}Rsen\theta \end{bmatrix}_{XYZ} + \frac{1}{2}m \begin{bmatrix} \dot{x} \\ 0 \\ 0 \end{bmatrix}_{XYZ} \begin{bmatrix} \dot{x} \\ 0 \\ 0 \end{bmatrix}_{XYZ}$$

$$+ \frac{1}{2}m \begin{bmatrix} \dot{x} \\ 0 \\ 0 \end{bmatrix}_{XYZ} \begin{bmatrix} \dot{x} \\ 0 \\ 0 \end{bmatrix}_{XYZ} + \frac{1}{2}\begin{bmatrix} 0 & \dot{\theta} & 0 \end{bmatrix}_{XYZ} \begin{bmatrix} - & - & - \\ - & I_c & - \\ - & - & - \end{bmatrix} \begin{bmatrix} 0 \\ \dot{\theta} \\ 0 \end{bmatrix}_{XYZ} +$$

$$+ \frac{1}{2}\begin{bmatrix} 0 & \dot{\theta} & 0 \end{bmatrix}_{XYZ} \begin{bmatrix} - & - & - \\ - & I_c & - \\ - & - & - \end{bmatrix} \begin{bmatrix} 0 \\ \dot{\theta} \\ 0 \end{bmatrix}_{XYZ} =$$

$$= \dot{\theta}^2 R^2 (M(1 + cos\theta) + m) + I_c\dot{\theta}^2$$

Paso 2. Cálculo de la potencia intercambiada en el sistema, debida a las acciones que producen potencia. En este caso se deberán encontrar todos aquellos puntos que se trasladan con velocidad distinta de cero y que tienen aplicada una fuerza, y los sólidos con algún momento activo (no de enlace) aplicado y que además giran.

Es importante tener en cuenta, que todas las acciones verdaderas activas tienen acción y reacción, por lo que las reacciones también deben ser evaluadas.

Puntos con velocidad no nula	Fuerza aplicada	Sólidos con rotación	Par aplicado
G: $\{\bar{v}_{abs}(G)\}_{XYZ}$	Gravedad: $M\bar{g}$		
C_1: $\{\bar{v}_{abs}(C_1)\}_{XYZ}$	Gravedad: $m\bar{g}$		
C_2: $\{\bar{v}_{abs}(C_2)\}_{XYZ}$	Gravedad: $m\bar{g}$		

Q: $\{\bar{v}_{abs}(Q)\}_{XYZ}$	Muelle: $\bar{F}_k(B)$, Amortiguador $\bar{F}_c(B)$		
C: $\{\bar{v}_{abs}(C)\}_{XYZ}$	Muelle: $\bar{F}_k(B)$, Amortiguador $\bar{F}_c(B)$		

Cálculo de las velocidades no nulas y de fuerzas señaladas en la tabla.

La velocidad absoluta de G, C_1 y C_2 han sido obtenidas anteriormente. Además, la velocidad es C es la misma que la de G porque el chasis solo tiene traslación. En el caso de Q, por deslizar sobre el suelo, se sabe que la velocidad tiene solo componente horizontal, y será la misma que la de la velocidad de G, porque siempre se mantiene en la vertical debajo de dicho punto.

En cuanto a las fuerzas, se tiene la fuerza de la gravedad de todos los sólidos y las fuerzas de muelle y amortiguador.

$$\{M\bar{g}\}_{XYZ} = \begin{bmatrix} 0 \\ 0 \\ -Mg \end{bmatrix}_{XYZ}$$

$$\{m\bar{g}\}_{XYZ} = \begin{bmatrix} 0 \\ 0 \\ -mg \end{bmatrix}_{XYZ}$$

Se va ahora a resolver el grupo muelle-amortiguador.

Como en problemas anteriores se va a concretar en primer lugar la dirección de las fuerzas.

Las fuerzas del muelle van hacia dentro, porque siempre se supondrán así en base a la expresión utilizada:

$$F_K(Q) = k(\rho - \rho_0)$$

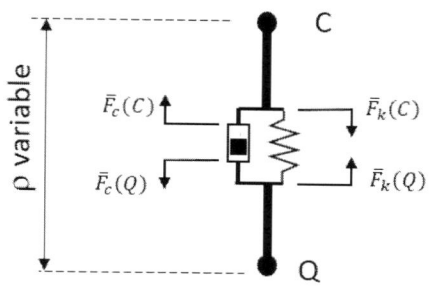

FIGURA P9.1. Fuerzas en grupo muelle-amortiguador

Las fuerzas del amortiguador se oponen al movimiento. Dado que los puntos C y Q se están aproximando según la situación mostrada en la imagen, las fuerzas irán hacia afuera. A partir de $\theta = \pi$ rad, habría que considerar el cambio de signo, ya que a partir de este instante, los puntos C y Q se estarían ahora alejando.

En este caso y según la geometría

$$\rho = R + R\cos\theta$$

Al sustituir en la expresión de cálculo de fuerza del muelle se llegará a

$$F_K(Q) = k(R + R\cos\theta - \rho_0)$$

La condición inicial del muelle es que para θ=0° el muelle está comprimido con una tensión T, entonces

$$-T = k(R + R\cos 0 - \rho_0)$$

por lo que finalmente

$$\rho_0 = 2R + \frac{T}{K}$$

Y la expresión para la fuerza del muelle será

$$F_K(Q) = k(R + R\cos\theta - 2R - \frac{T}{K})$$

Ahora, se va a poner esta fuerza en forma vectorial, proyectando en $\overline{X}\overline{Y}\overline{Z}$:

$$\overline{F}_K(Q) = \begin{bmatrix} 0 \\ 0 \\ F_K(Q) \end{bmatrix}_{XYZ} = \begin{bmatrix} 0 \\ 0 \\ k(R + R\cos\theta - 2R - \frac{T}{K}) \end{bmatrix}_{XYZ}$$

$$\overline{F}_K(C) = \begin{bmatrix} 0 \\ 0 \\ -F_K(Q) \end{bmatrix}_{XYZ} = \begin{bmatrix} 0 \\ 0 \\ -k(R + R\cos\theta - 2R - \frac{T}{K}) \end{bmatrix}_{XYZ}$$

Para el cálculo de la fuerza de amortiguador, derivaremos ρ respecto al tiempo, sabiendo que la variable es el ángulo θ. Por tanto

$$|\dot{\rho}| = \left|\frac{d}{dt}\rho\right| = \left|\frac{d}{dt}(R + R\cos\theta)\right| = |-R\dot{\theta}\,sen\theta| = R\dot{\theta}\,sen\theta$$

Si multiplicamos lo obtenido por la constate c, se obtiene

$$F_c(Q) = c\left|-R\dot{\theta}sen\theta\right| = cR\dot{\theta}sen\theta$$

Ahora, será necesario proyectar para obtener la forma vectorial de las fuerzas del amortiguador. Siguiendo la dirección de las fuerzas supuestas en la figura P9.1.

$$\bar{F}_c(Q) = \begin{bmatrix} 0 \\ 0 \\ -F_c(G)sen\theta \end{bmatrix}_{XYZ} = \begin{bmatrix} 0 \\ 0 \\ -cR\dot{\theta}sen\theta \end{bmatrix}_{XYZ}$$

$$\bar{F}_c(C) = \begin{bmatrix} 0 \\ 0 \\ F_c(Q)sen\theta \end{bmatrix}_{XYZ} = \begin{bmatrix} 0 \\ 0 \\ cR\dot{\theta}sen\theta \end{bmatrix}_{XYZ}$$

Ahora, ya se puede aplicar la expresión para el cálculo de potencia:

$$\frac{dW}{dt} = \sum_S [\bar{F}(P) \cdot \bar{v}_{ABS}(P)] + \sum_S [\bar{M}_S \cdot \bar{\Omega}_S]$$

$$\frac{dW}{dt} = \begin{bmatrix} 0 \\ 0 \\ -Mg \end{bmatrix}_{XYZ} \begin{bmatrix} \dot{x} + \dot{\theta}Rcos\theta \\ 0 \\ -\dot{\theta}Rsen\theta \end{bmatrix}_{XYZ} + \begin{bmatrix} 0 \\ 0 \\ -mg \end{bmatrix}_{XYZ} \begin{bmatrix} \dot{x} \\ 0 \\ 0 \end{bmatrix}_{XYZ} + \begin{bmatrix} 0 \\ 0 \\ -mg \end{bmatrix}_{XYZ} \begin{bmatrix} \dot{x} \\ 0 \\ 0 \end{bmatrix}_{XYZ} +$$

$$+ \left(\begin{bmatrix} 0 \\ 0 \\ k\left(R + Rcos\theta - 2R - \frac{T}{K}\right) \end{bmatrix}_{XYZ} + \begin{bmatrix} 0 \\ 0 \\ -cR\dot{\theta}sen\theta \end{bmatrix}_{XYZ} \right) \begin{bmatrix} \dot{x} + \dot{\theta}Rcos\theta \\ 0 \\ 0 \end{bmatrix}_{XYZ} +$$

$$+ \left(\begin{bmatrix} 0 \\ 0 \\ -k(R + Rcos\theta - 2R - \frac{T}{K}) \end{bmatrix}_{XYZ} + \begin{bmatrix} 0 \\ 0 \\ cR\dot{\theta}sen\theta \end{bmatrix}_{XYZ} \right) \begin{bmatrix} \dot{x} + \dot{\theta}Rcos\theta \\ 0 \\ -\dot{\theta}Rsen\theta \end{bmatrix}_{XYZ} =$$

$$= \dot{\theta}Rsen\theta\left(Mg + k\left(Rcos\theta - R - \frac{T}{K}\right)\right) - cR^2\dot{\theta}sen\theta$$

En el anterior resultado ya se ha sustituido el valor de $\dot{x} = \dot{\theta}R$.

Se observa de nuevo como el amortiguador disipa potencia, y el peso del chasis produce potencia. El caso del muelle, dependerá del valor que toma θ, y de si la fuerza ejercida por el mismo es positiva o negativa dependiendo de si el muelle está comprimido o estirado. La masa de las ruedas ni aportan ni disipan, al ser el peso perpendicular a la velocidad de los centros de dichas ruedas.

Paso 3. Aplicación del teorema de la Energía. Para ello, se deberá derivar la energía cinética obtenida en el primer paso, y posteriormente igualar a la potencia calculada en el paso dos.

$$\frac{dT_{ABS}}{dt} = \frac{d}{dt}\dot\theta^2 R^2(M(1+cos\theta)+m) + I_c\dot\theta^2 =$$
$$= 2\ddot\theta\dot\theta R^2(M(1+cos\theta)+m) - \dot\theta^2 R^2 M\dot\theta sen\theta + 2\ddot\theta\dot\theta I_c$$

$$\frac{dT_{ABS}}{dt} = \frac{dW}{dt}$$

$$2\ddot\theta\dot\theta R^2(M(1+cos\theta)+m) - \dot\theta^2 R^2 M\dot\theta sen\theta + 2\ddot\theta\dot\theta I_c =$$
$$= \dot\theta Rsen\theta\left(Mg + k\left(Rcos\theta - R - \frac{T}{K}\right) - cR^2\dot\theta sen\theta\right)$$

obteniéndose así la ecuación del movimiento.

Si ahora se tuviera rozamiento entre el patín y el suelo con coeficiente de rozamiento μ, debería tenerse en cuenta que esta fuerza aplicada en Q resta potencia al sistema.

Siendo la fuerza de rozamiento

$$\{\bar F_{roz}\}_{XYZ} = \begin{bmatrix} -\mu N \\ 0 \\ 0 \end{bmatrix}_{XYZ}$$

y teniendo en cuenta que la fuerza normal que llega al patín son las fuerzas de muelle y amortiguador en Q, a la potencia calculada anteriormente habría que añadirle el termino disipativo mencionado

$$\frac{dW}{dt} = \dot\theta Rsen\theta\left(Mg + k\left(Rcos\theta - R - \frac{T}{K}\right) - cR^2\dot\theta sen\theta +\right.$$
$$+ \begin{bmatrix} -\mu\left[\left(k\left(R + Rcos\theta - 2R - \frac{T}{K}\right) + (-cR\dot\theta sen\theta)\right)\right] \\ 0 \\ 0 \end{bmatrix}_{XYZ} \begin{bmatrix} \dot x + \dot\theta Rcos\theta \\ 0 \\ 0 \end{bmatrix}_{XYZ} =$$
$$= \dot\theta Rsen\theta\left(Mg + k\left(Rcos\theta - R - \frac{T}{K}\right) - cR^2\dot\theta sen\theta\right.$$
$$- \mu\left[\left(k\left(R + Rcos\theta - 2R - \frac{T}{K}\right) + (-cR\dot\theta sen\theta)\right](\dot\theta R(1+cos\theta))$$

Por último, se igualaría de nuevo a la derivada de la energía cinética, y se obtendría la nueva ecuación del movimiento:

$$2\ddot{\theta}R(M(1+cos\theta)+m) - \dot{\theta}^2R^2Msen\theta + 2\ddot{\theta}I_c =$$
$$= \dot{\theta}Rsen\theta(Mg + k\left(Rcos\theta - R - \frac{T}{K}\right) - cR^2\dot{\theta}sen\theta$$
$$- \mu\left[(k\left(R + Rcos\theta - 2R - \frac{T}{K}\right) + (-cR\dot{\theta}sen\theta)\right](\dot{\theta}R(1+cos\theta))$$

PROBLEMA 10

El conjunto mecánico esquematiza una ventana abatible, que se quiere automatizar para una casa domótica.

Se compone de la hoja de la ventana, articulada en A, de masa M y momento de inercia en G de valor I_G, una varilla, de masa despreciable, articulada en sus extremos B y C, y un bloque, también de masa despreciable, que desliza por el interior de una guía vertical fija. Para el movimiento, se ha pensado en una rueda solidaria a la hoja impulsada mediante un motor fijo en O, de masa m y momento de inercia en su centro I_o, que contacta sin deslizar en J con dicha rueda (sería equivalente a un piñón y una rueda dentada, transmisión por engranajes, mejor solución constructiva).

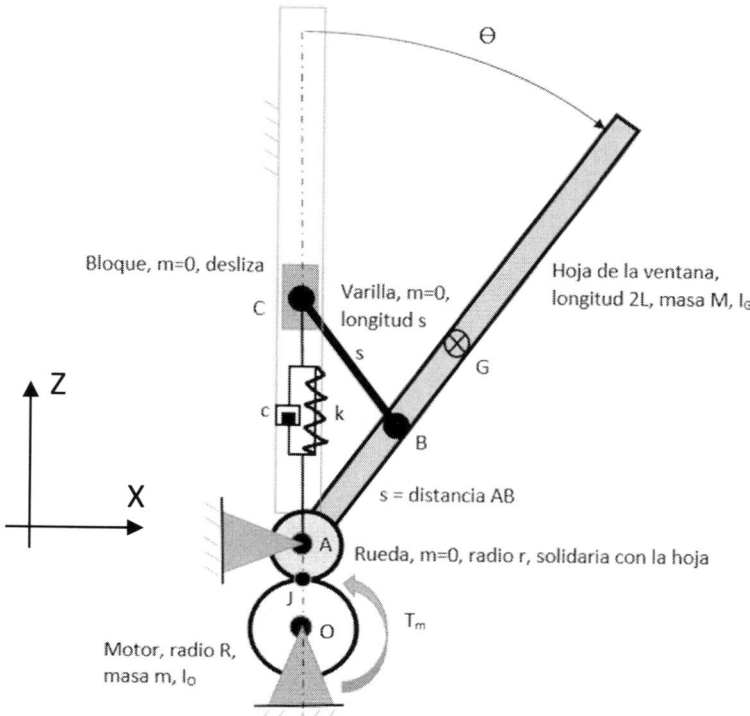

El sistema se completa mediante un amortiguador y un muelle, de constantes de amortiguación c y elástica k conocidas. Como dato adicional, cuando la hoja está cerrada (en vertical), se sabe que el muelle está estirado con una tensión de valor F_0.

Aplicando el Teorema de la Energía, se debe obtener la ecuación de movimiento de la hoja conocido el valor constante del par motor T_m.

Paso previo: resolver la cinemática de movimiento plano, estableciendo las coordenadas y velocidades generalizadas, las ecuaciones de enlace y los grados de libertad.

En este caso, se tienen un motor, el conjunto rueda-ventana, la varilla y el bloque.

Sólido	MOTOR	RUEDA - VENTANA	VARILLA	BLOQUE
Situar con	O, J Se sitúa O que es un punto fijo. Nunca coger J al ser una posición particular	A, B, G, J Se sitúa A que es un punto fijo. Nunca coger J al ser una posición particular	B, C Al compartir la ventana y la varilla el punto B, y estar situada y orientada la ventana, ya está situada la varilla.	C Al compartir la varilla y el bloque el punto C, y estar situada y orientada la varilla, ya está situado el bloque.
Orientar con	φ_m	θ	θ Por ser la distancia AB igual a la distancia CB y el punto C solo desplazarse en la vertical	--

Coordenadas generalizadas: $q = \varphi_m, \theta$

Velocidades generalizadas: $\dot{q} = \dot{\varphi}_m, \dot{\theta}$

Se va a buscar la ecuación de enlace entre las dos velocidades generalizadas, utilizando la cinemática del sólido rígido, y aprovechando la condición de rodadura entre el motor y la rueda de la ventana.

$$[\bar{v}_{abs}(J)]_{motor} = [\bar{v}_{abs}(J)]_{rueda}$$

Pero la velocidad absoluta de J no es nula en ninguno de los dos casos. Por tanto, se calculará la velocidad de J a través de cada uno de los sólidos, y se igualará.

$$\bar{v}_{abs}(J) = \bar{v}_{abs}(O) + \bar{\Omega}_{abs}(motor)x\overline{OJ} \text{ con } O, J\epsilon \, motor$$

$$\bar{v}_{abs}(J) = \bar{v}_{abs}(A) + \bar{\Omega}_{abs}(rueda)x\overline{AJ} \text{ con } A, J\epsilon \, rueda$$

Cumpliéndose

$$\{\bar{v}_{abs}(J)\}_{XYZ} = \begin{bmatrix} 0 \\ 0 \\ 0 \end{bmatrix}_{XYZ} + \begin{bmatrix} 0 \\ -\dot{\varphi}_m \\ 0 \end{bmatrix}_{XYZ} x \begin{bmatrix} 0 \\ 0 \\ R \end{bmatrix}_{XYZ} = \begin{bmatrix} 0 \\ 0 \\ 0 \end{bmatrix}_{XYZ} + \begin{bmatrix} 0 \\ \dot{\theta} \\ 0 \end{bmatrix}_{XYZ} x \begin{bmatrix} 0 \\ 0 \\ -r \end{bmatrix}_{XYZ}$$

De donde se obtiene:

$$\dot{\varphi}_m R = \dot{\theta} r$$

El problema tiene un único grado de libertad, ya que solo con el giro del motor, la ventana ya se puede abrir y cerrar. Dado que el par del mencionado motor es un dato conocido (T_m=cte), la incógnita del problema será la ecuación del movimiento.

Paso 1. Cálculo de la energía cinética del sistema. Para ello se deben identificar todos los sólidos con masa, y ver si su centro de masas se traslada, si el sólido como tal gira, o ambas cosas a la vez.

Sólido	Masa	¿Tiene su centro de gravedad velocidad absoluta no nula?	¿Tiene el sólido velocidad angular absoluta no nula?
Motor	Masa = m	No, centro de gravedad en O que es fijo	Si, con $\{\bar{\Omega}_{abs}(motor)\}_{XYZ}$
Ventana	Masa = M	Si, con $\{\bar{v}_{abs}(G)\}_{XYZ}$	Si, con $\{\bar{\Omega}_{abs}(ventana)\}_{XYZ}$

Se debe calcular la velocidad absoluta de G, tal que:

$$\bar{v}_{abs}(G) = \bar{v}_{abs}(A) + \bar{\Omega}_{abs}(rueda/ventana)x\overline{AG} \text{ con } A, G\epsilon \, rueda/ventana$$

Entonces

$$\{\bar{v}_{abs}(G)\}_{XYZ} = \begin{bmatrix} 0 \\ 0 \\ 0 \end{bmatrix}_{XYZ} + \begin{bmatrix} 0 \\ \dot{\theta} \\ 0 \end{bmatrix}_{XYZ} x \begin{bmatrix} Lsen\theta \\ 0 \\ Lcos\theta \end{bmatrix}_{XYZ} = \begin{bmatrix} \dot{\theta}Lcos\theta \\ 0 \\ -\dot{\theta}Lsen\theta \end{bmatrix}_{XYZ}$$

Para calcular la energía cinética del sistema se aplicará la expresión:

$$T_{ABS} = \frac{1}{2} m_S \cdot \bar{v}_{ABS}^2(G) + \frac{1}{2} \bar{\Omega}_S^T \cdot \bar{\bar{I}}_G \cdot \bar{\Omega}_s$$

$$T_{ABS} = T_{ABS-motor} + T_{ABS-ventana}$$

$$T_{ABS} = \frac{1}{2} M \begin{bmatrix} \dot{\theta} L cos\theta \\ 0 \\ -\dot{\theta} L sen\theta \end{bmatrix}_{XYZ} \begin{bmatrix} \dot{\theta} L cos\theta \\ 0 \\ -\dot{\theta} L sen\theta \end{bmatrix}_{XYZ} +$$

$$+ \frac{1}{2} [0 \quad -\dot{\varphi}_m \quad 0]_{XYZ} \begin{bmatrix} - & - & - \\ & I_o & \\ - & - & - \end{bmatrix} \begin{bmatrix} 0 \\ -\dot{\varphi}_m \\ 0 \end{bmatrix}_{XYZ} +$$

$$+ \frac{1}{2} [0 \quad \dot{\theta} \quad 0]_{XYZ} \begin{bmatrix} - & - & - \\ & I_G & \\ - & - & - \end{bmatrix} \begin{bmatrix} 0 \\ \dot{\theta} \\ 0 \end{bmatrix}_{XYZ} = \frac{1}{2} M \dot{\theta}^2 L^2 + \frac{1}{2} I_o \dot{\varphi}_m{}^2 + \frac{1}{2} I_G \dot{\theta}^2$$

Poniendo la expresión en función de la velocidad angular del motor se tiene:

$$T_{ABS} = \left(\frac{1}{2} M \frac{R^2}{r^2} L^2 + \frac{1}{2} I_o + \frac{1}{2} I_G \frac{R^2}{r^2} \right) \dot{\varphi}_m{}^2$$

Paso 2. Cálculo de la potencia intercambiada en el sistema, debida a las acciones que producen potencia. En este caso se deberán encontrar todos aquellos puntos que se trasladan con velocidad distinta de cero y que tienen aplicada una fuerza, y los sólidos con momento aplicado y que además giran.

Se recuerda, que todas las acciones verdaderas activas tienen acción y reacción, por lo que las reacciones también deben ser evaluadas, y que las acciones de enlace, por ser enlaces perfectos no producen potencia.

Puntos con velocidad no nula	Fuerza aplicada	Sólidos con rotación	Par aplicado
G: $\{\bar{v}_{abs}(G)\}_{XYZ}$	Gravedad: $M\bar{g}$	Motor $\{\bar{\Omega}_{abs}(motor)\}_{XYZ}$	$\bar{\tau}_m$ La reacción recae sobre un elemento fijo
C: $\{\bar{v}_{abs}(C)\}_{XYZ}$	Muelle: $\bar{F}_k(C)$ Amortiguador $\bar{F}_c(C)$		

Cálculo de las velocidades no nulas y de fuerzas señaladas en la tabla.

La velocidad absoluta de G, se ha calculado en el apartado anterior. Para calcular la velocidad de C, es necesario primero calcular la de B.

Para calcular la velocidad absoluta de B, se utilizarán las expresiones de la cinemática de sólido rígido a través del sólido rueda/ventana:

$$\bar{v}_{abs}(B) = \bar{v}_{abs}(A) + \bar{\Omega}_{abs}(rueda/ventana)x\overline{AB} \text{ con } A, B\epsilon \text{ } rueda/ventana$$

$$\{\bar{v}_{abs}(B)\}_{XYZ} = \begin{bmatrix} 0 \\ 0 \\ 0 \end{bmatrix}_{XYZ} + \begin{bmatrix} 0 \\ \dot{\theta} \\ 0 \end{bmatrix}_{XYZ} x \begin{bmatrix} ssen\theta \\ 0 \\ scos\theta \end{bmatrix}_{XYZ} = \begin{bmatrix} \dot{\theta}scos\theta \\ 0 \\ -\dot{\theta}ssen\theta \end{bmatrix}_{XYZ}$$

En el caso de C, y conocida ahora la velocidad de B, se aplicarán las expresiones de la cinemática de sólido rígido a través del sólido varilla:

$$\bar{v}_{abs}(C) = \bar{v}_{abs}(B) + \bar{\Omega}_{abs}(varilla)x\overline{BC} \text{ con } C, B\epsilon \text{ } varilla$$

$$\{\bar{v}_{abs}(C)\}_{XYZ} = \begin{bmatrix} \dot{\theta}scos\theta \\ 0 \\ -\dot{\theta}ssen\theta \end{bmatrix}_{XYZ} + \begin{bmatrix} 0 \\ -\dot{\theta} \\ 0 \end{bmatrix}_{XYZ} x \begin{bmatrix} -ssen\theta \\ 0 \\ scos\theta \end{bmatrix}_{XYZ} = \begin{bmatrix} 0 \\ 0 \\ -2\dot{\theta}ssen\theta \end{bmatrix}_{XYZ}$$

En cuanto a las fuerzas, se tiene la fuerza de la gravedad sobre la ventana:

$$\{M\bar{g}\}_{XYZ} = \begin{bmatrix} 0 \\ 0 \\ -Mg \end{bmatrix}_{XYZ}$$

y el grupo muelle-amortiguador que se va a resolver de la siguiente manera.

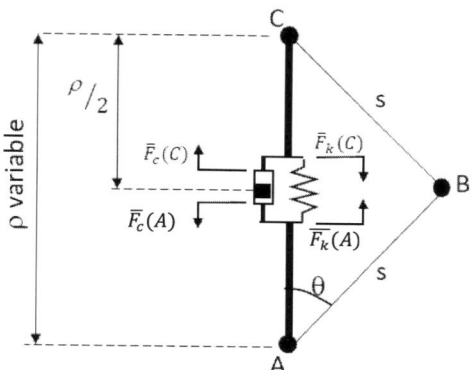

Para empezar, se supone la dirección de las fuerzas.

Las fuerzas del muelle van hacia dentro, porque siempre se supondrán así en base a la expresión utilizada:

$$F_K(A) = k(\rho - \rho_0)$$

Las fuerzas del amortiguador se oponen al movimiento. Dado que los puntos A y C se están aproximando, las fuerzas irán hacia afuera.

FIGURA P10.1. Fuerzas en grupo muelle-amortiguador

La geometría a resolver en este problema difiere de los vistos hasta ahora. Para encontrar y resolver el triángulo rectángulo, es necesario dividir en dos partes iguales el triángulo isósceles que se extrae de la figura:

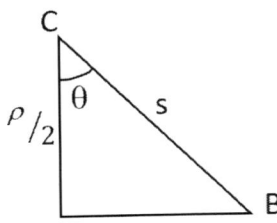

FIGURA P10.2. Triángulo extraído de la figura para el cálculo

Según la geometría

$$\rho = 2scos\theta$$

Al sustituir en la expresión de cálculo de fuerza quedará

$$F_K(C) = k(2scos\theta - \rho_0)$$

La condición inicial del muelle es que cuando la ventana está cerrada (posición vertical), el muelle está estirado con una fuerza F₀, o lo que es lo mismo, para $\theta = 0°$, $F_K(C) = F_o$

$$F_o = k(2scos0 - \rho_0) = k(2s - \rho_0)$$

Así,

$$\rho_0 = 2s - \frac{F_o}{k}$$

Y al final

$$F_K(C) = k(2scos\theta - 2s + \frac{F_o}{k})$$

Ahora, se va a poner esta fuerza en forma vectorial, proyectando en $\bar{X}\bar{Y}\bar{Z}$:

$$\bar{F}_K(C) = \begin{bmatrix} 0 \\ 0 \\ -F_K(C) \end{bmatrix}_{XYZ} = \begin{bmatrix} 0 \\ 0 \\ -k(2scos\theta - 2s + \frac{F_o}{k}) \end{bmatrix}_{XYZ}$$

$$\bar{F}_K(A) = \begin{bmatrix} 0 \\ 0 \\ F_K(C) \end{bmatrix}_{XYZ} = \begin{bmatrix} 0 \\ 0 \\ k(2scos\theta - 2s + \frac{F_o}{k}) \end{bmatrix}_{XYZ}$$

Para calcular la fuerza del amortiguador, se derivará el valor de ρ respecto al tiempo, y se multiplicará por la constate del amortiguador

$$\left|\dot{\rho}\right| = \left|\frac{d}{dt}\rho\right| = \left|\frac{d}{dt}2scos\theta\right| = \left|-2s\dot{\theta}sen\theta\right|$$

$$F_c(C) = c\left|-2s\dot{\theta}sen\theta\right| = c2s\dot{\theta}sen\theta$$

Para poner la fuerza del amortiguador en forma vectorial se proyectará igual que en el caso del muelle.

$$\bar{F}_c(C) = \begin{bmatrix} 0 \\ 0 \\ F_c(C) \end{bmatrix}_{XYZ} = \begin{bmatrix} 0 \\ 0 \\ 2cs\dot{\theta}sen\theta \end{bmatrix}_{XYZ}$$

$$\bar{F}_c(A) = \begin{bmatrix} 0 \\ 0 \\ -F_c(C) \end{bmatrix}_{XYZ} = \begin{bmatrix} 0 \\ 0 \\ -2cs\dot{\theta}sen\theta \end{bmatrix}_{XYZ}$$

El par motor, en forma vectorial, así como la velocidad angular del motor quedan:

$$\begin{bmatrix} 0 \\ -T_m \\ 0 \end{bmatrix}_{XYZ} \quad ; \quad \{\bar{\Omega}_{abs}(motor)\}_{XYZ} = \begin{bmatrix} 0 \\ -\dot{\varphi}_m \\ 0 \end{bmatrix}_{XYZ}$$

Ahora, ya se puede aplicar la expresión para el cálculo de potencia:

$$\frac{dW}{dt} = \sum_S [\bar{F}(P) \cdot \bar{v}_{ABS}(P)] + \sum_S [\bar{M}_S \cdot \bar{\Omega}_S]$$

$$\frac{dW}{dt} = \begin{bmatrix} 0 \\ 0 \\ -Mg \end{bmatrix}_{XYZ} \begin{bmatrix} \dot{\theta}Lcos\theta \\ 0 \\ -\dot{\theta}Lsen\theta \end{bmatrix}_{XYZ} + \begin{bmatrix} 0 \\ -T_m \\ 0 \end{bmatrix}_{XYZ} \begin{bmatrix} 0 \\ -\dot{\varphi}_m \\ 0 \end{bmatrix}_{XYZ} +$$

$$+\left(\begin{bmatrix} 0 \\ 0 \\ -k\left(2scos\theta - 2s + \frac{F_o}{k}\right) \end{bmatrix}_{XYZ} + \begin{bmatrix} 0 \\ 0 \\ 2cs\dot{\theta}sen\theta \end{bmatrix}_{XYZ}\right) \begin{bmatrix} 0 \\ 0 \\ -2\dot{\theta}ssen\theta \end{bmatrix}_{XYZ} =$$

$$= Mg\dot{\theta}Lsen\theta + T_m\dot{\varphi}_m + k\left(2scos\theta - 2s + \frac{F_o}{k}\right)2\dot{\theta}ssen\theta - 4cs^2\dot{\theta}^2sen^2\theta$$

Poniendo este resultado solo en función del giro del motor, se tiene:

$$\left(Mg\frac{RLsen\theta}{r} + T_m + 2k\left(2scos\theta - 2s + \frac{F_o}{k}\right)\frac{sRsen\theta}{r}\right)\dot{\varphi}_m - 4c\left(\frac{sRsen\theta}{r}\right)^2\dot{\varphi}_m{}^2$$

El motor y el peso de la ventana aportan potencia al sistema, mientras que el amortiguador, como siempre, la disipa. El muelle, como en otras ocasiones, puede aportar o restar potencia al sistema, dependiendo de si en un instante determinado se encuentra comprimido o estirado.

Paso 3. Aplicación del teorema de la Energía. Para ello, se deberá derivar la energía cinética obtenida en el primer paso, y posteriormente igualar a la potencia calculada en el paso dos.

$$\frac{dT_{ABS}}{dt} = \frac{d}{dt}\left(\frac{1}{2}M\frac{R^2}{r^2}L^2 + \frac{1}{2}I_o + \frac{1}{2}I_G\frac{R^2}{r^2}\right)\dot{\varphi}_m{}^2 = 2\ddot{\varphi}_m\dot{\varphi}_m\left(\frac{1}{2}M\frac{R^2}{r^2}L^2 + \frac{1}{2}I_o + \frac{1}{2}I_G\frac{R^2}{r^2}\right)$$

$$\frac{dT_{ABS}}{dt} = \frac{dW}{dt}$$

Quedando la ecuación del movimiento como sigue:

$$\ddot{\varphi}_m\left(M\frac{R^2}{r^2}L^2 + I_o + I_G\frac{R^2}{r^2}\right) =$$

$$= \left(Mg\frac{RLsen\theta}{r} + T_m + 2k\left(2scos\theta - 2s + \frac{F_o}{k}\right)\frac{sRsen\theta}{r}\right) - 4c\left(\frac{sRsen\theta}{r}\right)^2\dot{\varphi}_m$$

PROBLEMA 11

Un malabarista, de masa no despreciable m, muestra su habilidad sobre una carroza que avanza con velocidad $\dot{x}$ constante. El conjunto se compone de:
- Un chasis de la carroza de masa M
- Dos ruedas (delantera «1» y trasera «2») de masa despreciable. Giran con $\dot{\varphi}_1$ y $\dot{\varphi}_2$ respectivamente.
- Un motor de masa M_m que acciona la rueda delantera. Gira con $\dot{\varphi}_m$.
- Un rodillo de masa M_{rod} que gira con $\dot{\varphi}$.
- Una varilla de masa despreciable que conecta la rueda delantera con la periferia del rodillo y que gira con $\dot{\theta}$.
- Todos los datos geométricos y másicos se pueden encontrar detallados en la figura.

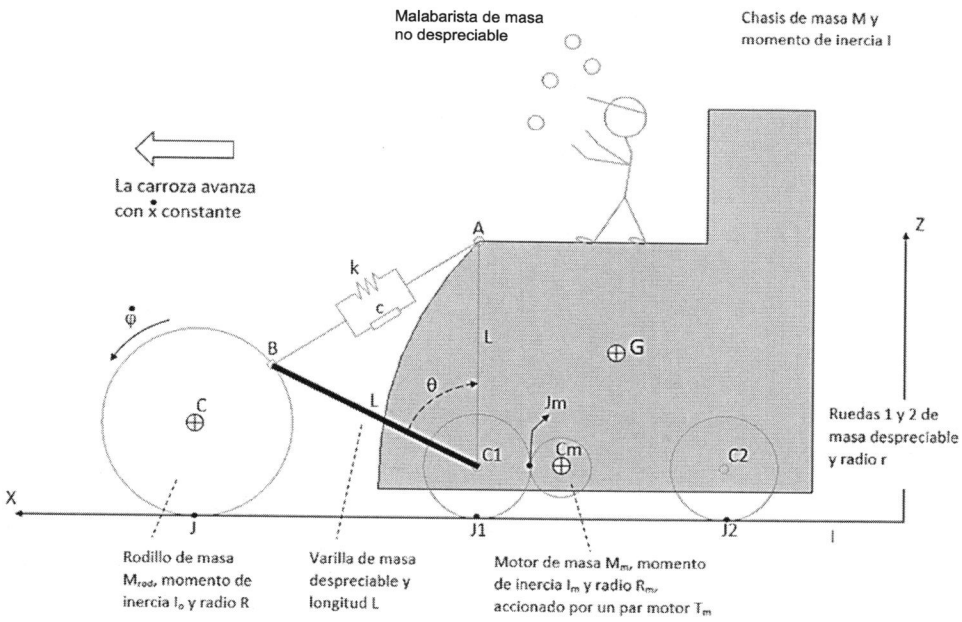

Malabarista de masa no despreciable

Chasis de masa M y momento de inercia I

La carroza avanza con $\dot{x}$ constante

Ruedas 1 y 2 de masa despreciable y radio r

Rodillo de masa M_{rod}, momento de inercia I_o y radio R

Varilla de masa despreciable y longitud L

Motor de masa M_m, momento de inercia I_m y radio R_m, accionado por un par motor T_m

A su vez, se tiene un grupo muelle-amortiguador que conecta el rodillo con el chasis en los puntos A y B. Las constantes k y c de muelle y amortiguador son conocidas. Se sabe que para $\theta = 60°$, el muelle está sin tensión.

Aplicando el Teorema de la Energía, y teniendo en cuenta que en ninguno de los puntos de contacto «J_i» se produce deslizamiento, calcular el valor del par motor T_m para que la velocidad de avance del chasis de la carroza sea constante.

Paso previo: resolver la cinemática de movimiento plano, estableciendo las coordenadas y velocidades generalizadas, las ecuaciones de enlace y los grados de libertad.

En este caso, se tienen el grupo chasis-malabarista, el rodillo, dos ruedas, varilla y motor.

Sólido	CHASIS-MALABARISTA	RODILLO	RUEDA 1	RUEDA 2	VARILLA	MOTOR
Situar con	C_1, C_2, C_m, A, G Cualquiera de los puntos que pertenecen al chasis se sitúa con la coordenada x	B, C, J Para situar al rodillo, se tomará su centro C que queda definido mediante la coordenada variable x_c Se recuerda que J es posición particular	C_1, J_1 Al compartir chasis y rueda 1 el punto C_1, y estar el chasis orientado y situado, la rueda 1 queda situada Se recuerda que J es posición particular	C_2, J_2 Al compartir chasis y rueda 2 el punto C_2, y estar el chasis orientado y situado, la rueda 2 queda situada Se recuerda que J es posición particular	C_1, B Al compartir varilla y rueda 1 el punto C1, y estar la rueda 1 orientada y situada, la varilla queda situada	C_m, J_m Al compartir chasis y motor el punto C_m, y estar el chasis orientado y situado, el motor queda situado Se recuerda que Q es posición particular
Orientar con	--	φ	φ_1	φ_1, φ_2	θ	φ_m

Coordenadas generalizadas: $q = x, x_c, \varphi, \varphi_1, \varphi_2\, \theta, \varphi_m$
Velocidades generalizadas: $\dot{q} = \dot{x}, \dot{x}_c, \dot{\varphi}, \dot{\varphi}_1, \dot{\varphi}_2, \dot{\theta}, \dot{\varphi}_m$

Se tienen siete velocidades generalizadas. Dado que los problemas de energía tienen siempre un solo grado de libertad, se han de encontrar seis ecuaciones de enlace.

En primer lugar, se cumple que

$$[\bar{v}_{abs}(J_1)]_{suelo} = [\bar{v}_{abs}(J_1)]_{rueda1}$$

Como el suelo tiene velocidad nula, se cumplirá que

$$[\bar{v}_{abs}(J_1)]_{rueda1} = \bar{0}$$

Conocida la velocidad del punto J, se tiene

$$\bar{v}_{abs}(C_1) = \bar{v}_{abs}(J_1) + \bar{\Omega}_{abs}(rueda\ 1)x\overline{J_1C} \text{ con } J_1, C_1 \in rueda\ 1$$

Cumpliéndose

$$\{\bar{v}_{abs}(C_1)\}_{XYZ} = \begin{bmatrix} \dot{x} \\ 0 \\ 0 \end{bmatrix}_{XYZ} = \begin{bmatrix} 0 \\ 0 \\ 0 \end{bmatrix}_{XYZ} + \begin{bmatrix} 0 \\ \dot{\varphi}_1 \\ 0 \end{bmatrix}_{XYZ} x \begin{bmatrix} 0 \\ 0 \\ r \end{bmatrix}_{XYZ} = \begin{bmatrix} \dot{\varphi}_1 r \\ 0 \\ 0 \end{bmatrix}_{XYZ}$$

De aquí se obtiene la primera igualdad: $\dot{x} = \dot{\varphi}_1 r$, e idénticamente para la rueda 2, donde $\dot{x} = \dot{\varphi}_2 r$.

Además

$$[\bar{v}_{abs}(J_m)]_{rueda1} = [\bar{v}_{abs}(J_m)]_{motor}$$

Pero en ninguno de los dos casos se cumple que la velocidad absoluta de J_m sea nula. Sin embargo, si nos situamos en el chasis (lo tomamos como referencia móvil), se cumpliría:

$$[\bar{v}_{rel}(J_m)]_{rueda1} = [\bar{v}_{rel}(J_m)]_{motor} \text{ con } RF = chasis$$

de tal manera que se podría expresar que

$$\bar{v}_{rel}(C_1) + \bar{\Omega}_{rel}(rueda\ 1)x\overline{C_1J_m} = \bar{v}_{rel}(C_m) + \bar{\Omega}_{rel}(motor)x\overline{C_mJ_m} \text{ con } RF = chasis$$

Como el chasis no cambia de orientación, las velocidades angulares relativas de la rueda 1 y del motor son $\dot{\varphi}_1$ y $\dot{\varphi}_m$ respectivamente. Además, como C_1 y C_m pertenecen al chasis, su velocidad relativa es nula. Finalmente se obtendría que:

$$\dot{\varphi}_1 r = -\dot{\varphi}_m r_m$$

donde el giro del motor tiene signo negativo respecto al giro de la rueda, dado que motor y rueda tienen sentidos opuestos de giro.

También se cumple rodadura sin deslizamiento en el rodillo sobre el suelo, tal que,

$$[\bar{v}_{abs}(J)]_{suelo} = [\bar{v}_{abs}(J)]_{rodillo} = \bar{0}$$

Aplicando cinemática de sólido rígido

$$\bar{v}_{abs}(C) = \bar{v}_{abs}(J) + \bar{\Omega}_{abs}(rodillo)x\overline{JC} \text{ con } C, J\epsilon \text{ rodillo}$$

cumpliéndose

$$\{\bar{v}_{abs}(C)\}_{XYZ} = \begin{bmatrix} \dot{x}_C \\ 0 \\ 0 \end{bmatrix}_{XYZ} = \begin{bmatrix} 0 \\ 0 \\ 0 \end{bmatrix}_{XYZ} + \begin{bmatrix} 0 \\ \dot{\varphi} \\ 0 \end{bmatrix}_{XYZ} x \begin{bmatrix} 0 \\ 0 \\ R \end{bmatrix}_{XYZ} = \begin{bmatrix} \dot{\varphi}R \\ 0 \\ 0 \end{bmatrix}_{XYZ}$$

Se obtiene la cuarta igualdad: $\dot{x}_C = \dot{\varphi}R$

Faltaría resolver la cinemática de la varilla, el único elemento que de momento no se ha contemplado. Para ello, se calculará la velocidad absoluta del punto B aplicando la cinemática de sólido rígido, pero de dos maneras diferentes, para posteriormente igualar:

$$\bar{v}_{abs}(B) = \bar{v}_{abs}(J) + \bar{\Omega}_{abs}(rodillo)x\overline{JB} \text{ con } B, J\epsilon \text{ rodillo}$$

$$\bar{v}_{abs}(B) = \bar{v}_{abs}(C_1) + \bar{\Omega}_{abs}(varilla)x\overline{C_1B} \text{ con } B, C_1\epsilon \text{ varilla}$$

Poniendo las expresiones anteriores de forma vectorial e igualando directamente, se llega a

$$\begin{bmatrix} 0 \\ \dot{\varphi} \\ 0 \end{bmatrix}_{XYZ} x \begin{bmatrix} -Rcos\varphi \\ 0 \\ R + Rsen\varphi \end{bmatrix}_{XYZ} = \begin{bmatrix} \dot{x} \\ 0 \\ 0 \end{bmatrix}_{XYZ} + \begin{bmatrix} 0 \\ \dot{\theta} \\ 0 \end{bmatrix}_{XYZ} x \begin{bmatrix} Lcos\theta \\ 0 \\ Lsen\theta \end{bmatrix}_{XYZ}$$

de donde se obtienen las dos últimas igualdades

$$\dot{\varphi}(R + Rsen\varphi) = \dot{x} + \dot{\theta}Lsen\theta$$

$$\dot{\varphi}Rcos\varphi = -\dot{\theta}Lcos\theta$$

Es decir, únicamente con la acción del motor, todo el sistema mecánico se estaría moviendo. Dado que el problema indica que la carroza debe avanzar con velocidad constante, será el par motor la incógnita del problema.

Dada la laboriosidad de dejar todas las expresiones en función de una única variable, en este problema se va a trabajar a partir de este punto con las velocidades generalizadas propuestas al principio. No se debe perder de vista que al final del problema, se debería poner todo en función de una única variable para poder derivar, operar y despejar.

Paso 1. Cálculo de la energía cinética del sistema. Para ello se deben identificar todos los sólidos con masa, y ver si su centro de masas se traslada, si el sólido como tal gira, o ambas cosas a la vez.

Sólido	Masa	¿Tiene su centro de gravedad velocidad absoluta no nula?	¿Tiene el sólido velocidad angular absoluta no nula?
Chasis	Masa = M	Si, con $\{\bar{v}_{abs}(G)\}_{XYZ}$ que se corresponde con $\dot{x}$	No, el chasis no cambia de orientación
Malabarista	Masa = m	Si, con $\{\bar{v}_{abs}(G_M)\}_{XYZ}$ que se corresponde con $\dot{x}$	No, el malabarista no cambia de orientación
Rodillo	Masa = M$_{rod}$	Si, con $\{\bar{v}_{abs}(C)\}_{XYZ}$ que se corresponde con $\dot{x}_C$	Si, con $\{\bar{\Omega}_{abs}(rodillo)\}_{XYZ}$
Rueda 1	Masa = 0	Si, pero su masa es nula	Si, pero su masa es nula
Rueda 2	Masa = 0	Si, pero su masa es nula	Si, pero su masa es nula
Varilla	Masa = 0	Si, pero su masa es nula	Si, pero su masa es nula
Motor	Masa = M$_m$	Si, con $\{\bar{v}_{abs}(B)\}_{XYZ}$ que se corresponde con $\dot{x}$	Si, con $\{\bar{\Omega}_{abs}(motor)\}_{XYZ}$

Para calcular la energía cinética del sistema se aplicará la expresión:

$$T_{ABS} = \frac{1}{2} m_S \cdot \bar{v}_{ABS}^2(G) + \frac{1}{2} \bar{\Omega}_S^T \cdot \bar{\bar{I}}_G \cdot \bar{\Omega}_S$$

$$T_{ABS} = T_{ABS}(chasis) + T_{ABS}(malabarista) + T_{ABS}(rodillo) + T_{ABS}(motor)$$

donde

$$T_{ABS} = \frac{1}{2}(M + m + M_m)\begin{bmatrix}\dot{x}\\0\\0\end{bmatrix}_{XYZ}\begin{bmatrix}\dot{x}\\0\\0\end{bmatrix}_{XYZ} + \frac{1}{2}(M_{rod})\begin{bmatrix}\dot{x}_C\\0\\0\end{bmatrix}_{XYZ}\begin{bmatrix}\dot{x}_C\\0\\0\end{bmatrix}_{XYZ} +$$

$$+ \frac{1}{2}[0 \quad \dot{\varphi} \quad 0]_{XYZ}\begin{bmatrix}-&-&-\\-&I_o&-\\-&-&-\end{bmatrix}\begin{bmatrix}0\\\dot{\varphi}\\0\end{bmatrix}_{XYZ} +$$

$$+ \frac{1}{2}[0 \quad -\dot{\varphi}_m \quad 0]_{XYZ}\begin{bmatrix}-&-&-\\-&I_m&-\\-&-&-\end{bmatrix}\begin{bmatrix}0\\-\dot{\varphi}_m\\0\end{bmatrix}_{XYZ} =$$

$$= \dot{x}^2\left(\frac{1}{2}M + \frac{1}{2}m + \frac{1}{2}M_m\right) + \dot{x}_C^2\frac{M_{rod}}{2} + \frac{1}{2}I_o\dot{\varphi}^2 + \frac{1}{2}I_C\dot{\varphi}_m^2$$

Esta última expresión se pondría en función de una única variable utilizando las ecuaciones de enlace calculadas anteriormente. Dado que la condición del problema es el avance de la carroza con velocidad constate, la variable elegida para trabajar todo el problema debería ser $\dot{x}$.

Paso 2. Cálculo de la potencia intercambiada en el sistema, debida a las acciones que producen potencia. En este caso se deberán encontrar todos aquellos puntos que se trasladan con velocidad distinta de cero y que tienen aplicada una fuerza, y los sólidos con momento activo aplicado y que además giran.

Se recuerda, que todas las acciones verdaderas activas tienen acción y reacción, por lo que las reacciones también deben ser evaluadas.

Puntos con velocidad no nula	Fuerza aplicada	Solidos con rotación	Par aplicado
G: $\{\bar{v}_{abs}(G)\}_{XYZ}$	Gravedad: $(M+m)\bar{g}$	Motor $\{\bar{\Omega}_{abs}(motor)\}_{XYZ}$	$\bar{T}_m$ La reacción recae sobre el chasis, pero este no gira
C: $\{\bar{v}_{abs}(C)\}_{XYZ}$	Gravedad: $M_{rod}\bar{g}$		
C_m: $\{\bar{v}_{abs}(C_m)\}_{XYZ}$	Gravedad: $M_m\bar{g}$		
A: $\{\bar{v}_{abs}(A)\}_{XYZ}$	Muelle: $\bar{F}_k(A)$ Amortiguador $\bar{F}_c(A)$		
B: $\{\bar{v}_{abs}(B)\}_{XYZ}$	Muelle: $\bar{F}_k(B)$ Amortiguador $\bar{F}_c(B)$		

Se calculan ahora las velocidades no nulas y las fuerzas señaladas en la tabla.

Las velocidades absolutas de G, C_m, y A son iguales entre sí y de valor calculado anteriormente:

$$\{\bar{v}_{abs}(G)\}_{XYZ} = \begin{bmatrix} \dot{x} \\ 0 \\ 0 \end{bmatrix}_{XYZ}$$

La velocidad absoluta de C y de B también han sido calculadas en el apartado anterior y toman los valores siguientes:

$$\{\bar{v}_{abs}(C)\}_{XYZ} = \begin{bmatrix} \dot{x}_C \\ 0 \\ 0 \end{bmatrix}_{XYZ} \quad y \quad \{\bar{v}_{abs}(B)\}_{XYZ} = \begin{bmatrix} \dot{x} + \dot{\theta}Lsen\theta \\ 0 \\ -\dot{\theta}Lcos\theta \end{bmatrix}_{XYZ}$$

La velocidad angular del motor, también queda determinada en pasos previos.

En cuanto a las fuerzas, se tiene la fuerza de la gravedad de todos los sólidos y las fuerzas de muelle y amortiguador.

$$\{M\bar{g}\}_{XYZ} = \begin{bmatrix} 0 \\ 0 \\ -Mg \end{bmatrix}_{XYZ} ;$$

$$\{M_{rod}\bar{g}\}_{XYZ} = \begin{bmatrix} 0 \\ 0 \\ -M_{rod}g \end{bmatrix}_{XYZ} ;$$

$$\{M_{m}\}_{XYZ} = \begin{bmatrix} 0 \\ 0 \\ -M_{m}g \end{bmatrix}_{XYZ} ;$$

Se va ahora a resolver el grupo muelle-amortiguador, en el que se encuentra un triángulo isósceles que se partirá por la mitad para poder calcular los dos triángulos rectángulos que se generan.

Las fuerzas del muelle van hacia dentro, porque siempre se supondrán así por la expresión utilizada:

$$F_{K}(O) = k(\rho - \rho_{0})$$

Supuesto que los puntos A y B se están aproximando, y dado que las fuerzas del amortiguador se oponen al movimiento, estas irán hacia afuera.

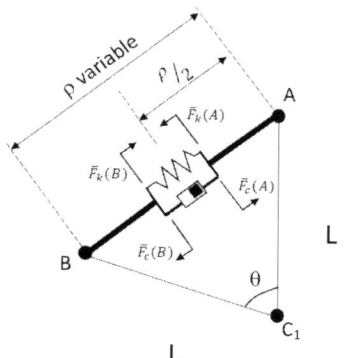

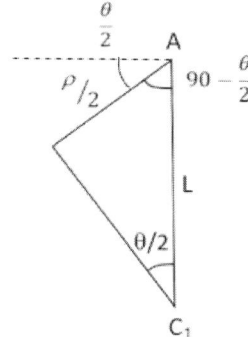

FIGURA P11.1. Fuerzas en grupo muelle-amortiguador

FIGURA P11.2. Triángulo para el cálculo y proyecciones posteriores

Según la geometría

$$\rho = 2L sen \frac{\theta}{2}$$

Al sustituir en la expresión de cálculo de fuerza quedará

$$F_K(B) = k(2Lsen\frac{\theta}{2} - \rho_0)$$

La condición inicial del muelle es que para θ=60° el muelle está sin tensión, entonces

$$0 = k\left(2Lsen\frac{60}{2} - \rho_0\right) = k(2Lsen30 - \rho_0)$$

Así,

$$\rho_0 = L$$

Y al final

$$F_K(B) = k(2Lsen\frac{\theta}{2} - L)$$

Ahora, se va a poner esta fuerza en forma vectorial, proyectando en $\bar{X}\bar{Y}\bar{Z}$:

$$\bar{F}_K(B) = \begin{bmatrix} -F_K(B)cos\frac{\theta}{2} \\ 0 \\ F_K(B)sen\frac{\theta}{2} \end{bmatrix}_{XYZ} = \begin{bmatrix} -k(2Lsen\frac{\theta}{2} - L)cos\frac{\theta}{2} \\ 0 \\ k(2Lsen\frac{\theta}{2} - L)sen\frac{\theta}{2} \end{bmatrix}_{XYZ}$$

$$\bar{F}_K(A) = \begin{bmatrix} F_K(B)cos\frac{\theta}{2} \\ 0 \\ -F_K(B)sen\frac{\theta}{2} \end{bmatrix}_{XYZ} = \begin{bmatrix} k(2Lsen\frac{\theta}{2} - L)cos\frac{\theta}{2} \\ 0 \\ -k(2Lsen\frac{\theta}{2} - L)sen\frac{\theta}{2} \end{bmatrix}_{XYZ}$$

Ahora se derivará la expresión de ρ respecto al tiempo, para calcular la fuerza del amortiguador

$$|\dot{\rho}| = \left|\frac{d}{dt}\rho\right| = \left|\frac{d}{dt}2Lsen\frac{\theta}{2}\right| = \left|L\dot{\theta}cos\frac{\theta}{2}\right|$$

y se multiplicará el valor obtenido por la constante del amortiguador:

$$F_c(Q) = cL\dot{\theta}\cos\frac{\theta}{2}$$

Para poner la fuerza del amortiguador en forma vectorial se proyectará igual que en el caso del muelle.

$$\bar{F}_c(B) = \begin{bmatrix} F_c(B)\cos\frac{\theta}{2} \\ 0 \\ -F_c(B)\,sen\frac{\theta}{2} \end{bmatrix}_{XYZ} = \begin{bmatrix} c\left(L\dot{\theta}\cos\frac{\theta}{2}\right)\cos\frac{\theta}{2} \\ 0 \\ -c\left(L\dot{\theta}\cos\frac{\theta}{2}\right)sen\frac{\theta}{2} \end{bmatrix}_{XYZ}$$

$$\bar{F}_c(A) = \begin{bmatrix} -F_c(B)\cos\frac{\theta}{2} \\ 0 \\ F_c(B)\,sen\frac{\theta}{2} \end{bmatrix}_{XYZ} = \begin{bmatrix} -c\left(L\dot{\theta}\cos\frac{\theta}{2}\right)\cos\frac{\theta}{2} \\ 0 \\ c\left(L\dot{\theta}\cos\frac{\theta}{2}\right)sen\frac{\theta}{2} \end{bmatrix}_{XYZ}$$

El par motor, en forma vectorial, así como la velocidad angular del motor quedan:

$$\begin{bmatrix} 0 \\ -T_m \\ 0 \end{bmatrix}_{XYZ} \quad ; \quad \{\bar{\Omega}_{abs}(motor)\}_{XYZ} = \begin{bmatrix} 0 \\ -\dot{\varphi}_m \\ 0 \end{bmatrix}_{XYZ}$$

Ahora, ya se puede aplicar la expresión para el cálculo de potencia:

$$\frac{dW}{dt} = \sum_S [\bar{F}(P) \cdot \bar{v}_{ABS}(P)] + \sum_S [\bar{M}_S \cdot \bar{\Omega}_S]$$

$$\frac{dW}{dt} = \left(\begin{bmatrix} 0 \\ 0 \\ -Mg \end{bmatrix}_{XYZ} + \begin{bmatrix} 0 \\ 0 \\ -M_m g \end{bmatrix}_{XYZ} + \begin{bmatrix} 0 \\ 0 \\ -mg \end{bmatrix}_{XYZ} \right) \begin{bmatrix} \dot{x} \\ 0 \\ 0 \end{bmatrix}_{XYZ} + \begin{bmatrix} 0 \\ 0 \\ -M_{rod}g \end{bmatrix}_{XYZ} \begin{bmatrix} \dot{x}_C \\ 0 \\ 0 \end{bmatrix}_{XYZ} +$$

$$+ \left(\begin{bmatrix} k(2Lsen\frac{\theta}{2} - L)\cos\frac{\theta}{2} \\ 0 \\ -k\left(2Lsen\frac{\theta}{2} - L\right)sen\frac{\theta}{2} \end{bmatrix}_{XYZ} + \begin{bmatrix} -c\left(L\dot{\theta}\cos\frac{\theta}{2}\right)\cos\frac{\theta}{2} \\ 0 \\ c\left(L\dot{\theta}\cos\frac{\theta}{2}\right)sen\frac{\theta}{2} \end{bmatrix}_{XYZ} \right) \begin{bmatrix} \dot{x} \\ 0 \\ 0 \end{bmatrix}_{XYZ} +$$

$$+ \left(\begin{bmatrix} -k(2Lsen\frac{\theta}{2} - L)cos\frac{\theta}{2} \\ 0 \\ k\left(2Lsen\frac{\theta}{2} - L\right)sen\frac{\theta}{2} \end{bmatrix}_{XYZ} + \begin{bmatrix} c\left(L\dot{\theta}cos\frac{\theta}{2}\right)cos\frac{\theta}{2} \\ 0 \\ -c\left(L\dot{\theta}cos\frac{\theta}{2}\right)sen\frac{\theta}{2} \end{bmatrix}_{XYZ} \right) \begin{bmatrix} \dot{x} + \dot{\theta}Lsen\theta \\ 0 \\ -\dot{\theta}Lcos\theta \end{bmatrix}_{XYZ} +$$

$$+ \begin{bmatrix} 0 \\ -T_m \\ 0 \end{bmatrix}_{XYZ} \begin{bmatrix} 0 \\ -\dot{\varphi}_m \\ 0 \end{bmatrix}_{XYZ}$$

Operando y reorganizando:

$$\frac{dW}{dt} = \left(k\left(2Lsen\frac{\theta}{2} - L\right)cos\frac{\theta}{2} - c\left(L\dot{\theta}cos\frac{\theta}{2}\right)cos\frac{\theta}{2} \right)\dot{x} +$$

$$+ \left(-k\left(2Lsen\frac{\theta}{2} - L\right)cos\frac{\theta}{2} + c\left(L\dot{\theta}cos\frac{\theta}{2}\right)cos\frac{\theta}{2} \right)(\dot{x} + \dot{\theta}Lsen\theta) +$$

$$- \left(k\left(2Lsen\frac{\theta}{2} - L\right)sen\frac{\theta}{2} - c\left(L\dot{\theta}cos\frac{\theta}{2}\right)sen\frac{\theta}{2} \right)\dot{\theta}Lcos\theta + T_m\dot{\varphi}_m =$$

$$= \dot{\theta}\left(-k\left(2Lsen\frac{\theta}{2} - L\right)cos\frac{\theta}{2} + c\left(L\dot{\theta}cos\frac{\theta}{2}\right)cos\frac{\theta}{2} \right)Lsen\theta -$$

$$- \dot{\theta}\left(k\left(2Lsen\frac{\theta}{2} - L\right)sen\frac{\theta}{2} - c\left(L\dot{\theta}cos\frac{\theta}{2}\right)sen\frac{\theta}{2} \right)Lcos\theta + T_m\dot{\varphi}_m$$

Faltaría poner la expresión en función de una única variable, $\dot{x}$. Obsérvese, que los pesos no aportan ni disipan potencia en el sistema.

Paso 3. Aplicación del teorema de la Energía. Para ello, se deberá derivar la energía cinética obtenida en el primer paso y posteriormente igualar a la potencia calculada en el paso dos.

$$\frac{dT_{ABS}}{dt} = \frac{dW}{dt}$$

Entonces,

$$\frac{d}{dt}\left[\dot{x}^2\left(\frac{1}{2}M + \frac{1}{2}m + \frac{1}{2}M_m\right) + \dot{x}_C^2\frac{M_{rod}}{2} + \frac{1}{2}I_o\dot{\varphi}^2 + \frac{1}{2}I_C\dot{\varphi}_m^{\ 2} \right] =$$

$$= \dot{\theta}\left(-k\left(2Lsen\frac{\theta}{2}-L\right)cos\frac{\theta}{2}+c\left(L\dot{\theta}cos\frac{\theta}{2}\right)cos\frac{\theta}{2}\right)Lsen\theta -$$

$$-\dot{\theta}\left(k\left(2Lsen\frac{\theta}{2}-L\right)sen\frac{\theta}{2}-c\left(L\dot{\theta}cos\frac{\theta}{2}\right)sen\frac{\theta}{2}\right)Lcos\theta + T_m\dot{\varphi}_m$$

Se deja al lector el trabajo de sustituir cada variable para ponerla en función de $\dot{x}$ utilizando las ecuaciones de enlace, derivar y despejar finalmente el valor del par motor T_m.

PROBLEMA 12

El yugo escocés de la figura se encuentra en movimiento, accionado por un motor con par τ_m constante y conocido que actúa sobre el disco. El tetón P desliza sobre la guía, que a su vez desliza sobre la bancada fija. En A, la guía se encuentra unida a la bancada con un conjunto muelle-amortiguador, de constantes k y c conocidas. Los datos de masa y momento de inercia de los sólidos se encuentran en la figura.

Se sabe, además, que para $\theta=0°$ el muelle se encuentra comprimido con una tensión T_O.

Utilizando el teorema de la energía, se pide calcular la ecuación del movimiento del sistema mecánico.

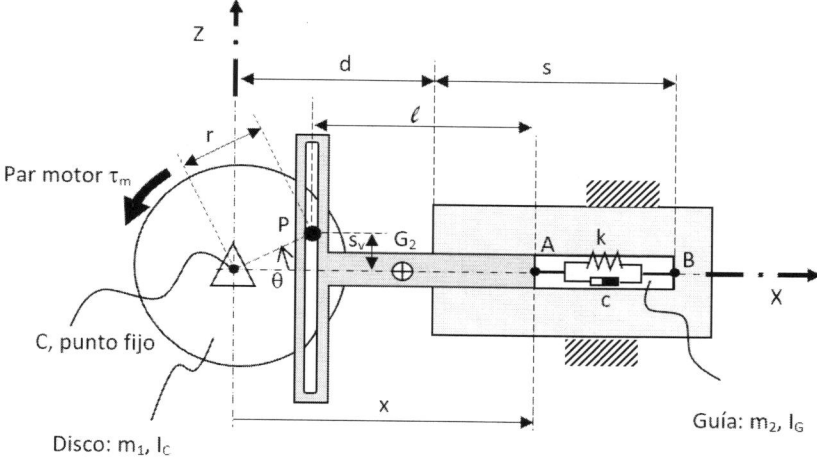

Paso previo: resolver la cinemática de movimiento plano, estableciendo las coordenadas y velocidades generalizadas, las ecuaciones de enlace y los grados de libertad.

En este caso, se tienen un disco y una guía ranurada.

Sólido	DISCO	GUÍA
Situar con	C, P Se escoge C para situar el disco ya que es un punto fijo	A Es el único punto que pertenece a la guía. Como la guía solo se mueve en la horizontal, se podrá situar con la coordenada x.
Orientar con	θ	--

Coordenadas generalizadas: $q = x, \theta$
Velocidades generalizadas: $\dot{q} = \dot{x}, \dot{\theta}$

Se tienen dos velocidades generalizadas en un sistema en el que se tiene guía ranurada, por lo que aparecerán ecuaciones de enlace. En concreto una única ecuación de enlace, que implicará un grado de libertad del sistema.

La cinemática en este caso se puede resolver de dos maneras. O bien aplicando las expresiones de composición de movimientos y cinemática del solido rígido para calcular la velocidad absoluta de P e igualar, o bien utilizando la geometría del sistema.

De manera cinemática, se empezaría calculando la velocidad absoluta de P con la siguiente expresión:

$$\bar{v}_{abs}(P) = \bar{v}_{abs}(C) + \bar{\Omega}_{abs}(disco) x \overline{CP} \text{ con } C, P \epsilon \text{ disco}$$

Cumpliéndose

$$\{\bar{v}_{abs}(P)\}_{XYZ} = \begin{bmatrix} 0 \\ 0 \\ 0 \end{bmatrix}_{XYZ} + \begin{bmatrix} 0 \\ -\dot{\theta} \\ 0 \end{bmatrix}_{XYZ} x \begin{bmatrix} rcos\theta \\ 0 \\ rsen\theta \end{bmatrix}_{XYZ} = \begin{bmatrix} -\dot{\theta}rsen\theta \\ 0 \\ \dot{\theta}rcos\theta \end{bmatrix}_{XYZ}$$

Por otro lado

$$\bar{v}_{abs}(P) = \bar{v}_{rel}(P) + \bar{v}_e(P)$$

utilizando como referencia móvil la guía.

Para calcular la velocidad relativa bastará derivar un vector posición relativo desde un punto de la guía hasta el punto P. Se debe tener en cuenta el término de Bour en la derivación, sin embargo, al ser la base fija $\overline{X}\overline{Y}\overline{Z}$ la utilizada para derivar, y al no cambiar de orientación la guía, se tiene que la velocidad angular relativa de $\overline{X}\overline{Y}\overline{Z}$ es nula, y por tanto el término de Bour desaparece.

Entonces,

$$\{\bar{v}_{rel}(P)\}_{XYZ} = \frac{d}{dt}\{\bar{v}_{rel}(\overline{AP})\}_{XYZ} = \frac{d}{dt}\begin{bmatrix} -l \\ 0 \\ s_v \end{bmatrix}_{XYZ} = \begin{bmatrix} 0 \\ 0 \\ \dot{s}_v \end{bmatrix}_{XYZ}$$

Obsérvese que ha sido necesario introducir en el cálculo el parámetro variable s_v, que da lugar a una velocidad generalizada $\dot{s}_v$ que no ha sido tenida en cuenta anteriormente, peor lo que las velocidades generalizadas pasan a ser ahora tres:

$$\text{Velocidades generalizadas: } \dot{q} = \dot{x}, \dot{\theta}, \dot{s}_v$$

Se va a calcular ahora la velocidad de arrastre:

$$\bar{v}_e(P) = \bar{v}_{abs}(A) + \overline{\Omega}_{abs}(RM)x\overline{AP} \text{ con } A\epsilon \ RM = \text{guía}$$

Dado que la guía solo se desplaza, el segundo término de la expresión se hace cero, quedando:

$$\{\bar{v}_e(P)\}_{XYZ} = \begin{bmatrix} \dot{x} \\ 0 \\ 0 \end{bmatrix}_{XYZ}$$

es decir,

$$\{\bar{v}_{abs}(P)\}_{XYZ} = \begin{bmatrix} \dot{x} \\ 0 \\ \dot{s}_v \end{bmatrix}_{XYZ}$$

Igualando expresiones:

$$\begin{bmatrix} -\dot{\theta}r sen\theta \\ 0 \\ \dot{\theta}r cos\theta \end{bmatrix}_{XYZ} = \begin{bmatrix} \dot{x} \\ 0 \\ \dot{s}_v \end{bmatrix}_{XYZ}$$

obteniéndose así dos igualdades que constituyen las dos ecuaciones de enlace que dejan el problema en un grado de libertad:

$$-\dot{\theta}r sen\theta = \dot{x}$$

$$\dot{\theta}r cos\theta = \dot{s}_v$$

Sería necesario un único accionamiento, el que hace girar el disco, para poner todo el sistema en movimiento. Dado que se indica que el par motor aplicado en el disco es el dato conocido, pasa a ser incógnita del problema la ecuación del movimiento.

De manera gráfica, se ve en la figura que:

$$x = l + rcos\theta$$

$$s_v = rsen\theta$$

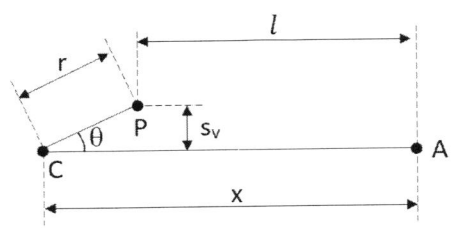

Al derivar ambas expresiones, se llega a las dos mismas igualdades vistas anteriormente:

FIGURA P12.1. Resolución gráfica de la cinemática

$$-\dot{\theta}rsen\theta = \dot{x}$$

$$\dot{\theta}rcos\theta = \dot{s}_v$$

Paso 1. Cálculo de la energía cinética del sistema. Para ello se deben identificar todos los sólidos con masa, y ver si su centro de masas se traslada, si el sólido como tal gira, o ambas cosas a la vez.

Sólido	Masa	¿Tiene su centro de gravedad velocidad absoluta no nula?	¿Tiene el sólido velocidad angular absoluta no nula?
Disco	Masa = m_1	No, su centro de gravedad es un punto fijo	Si, con $\{\overline{\Omega}_{abs}(disco)\}_{XYZ}$
Guía	Masa = m_2	Si, con $\{\overline{v}_{abs}(A)\}_{XYZ}$ que se corresponde con $\dot{\overline{x}}$	No, la guía solo se traslada

Para calcular la energía cinética del sistema se aplicará la expresión:

$$T_{ABS} = \frac{1}{2}m_S \cdot \overline{v}_{ABS}^2(G) + \frac{1}{2}\overline{\Omega}_S^T \cdot \overline{\overline{I}}_G \cdot \overline{\Omega}_s$$

$$T_{ABS} = T_{ABS-disco} + T_{ABS-guía}$$

donde

$$T_{ABS} = \frac{1}{2}m_2 \begin{bmatrix}\dot{x}\\0\\0\end{bmatrix}_{XYZ}\begin{bmatrix}\dot{x}\\0\\0\end{bmatrix}_{XYZ} + \frac{1}{2}[0 \quad -\dot{\theta} \quad 0]_{XYZ}\begin{bmatrix}- & - & -\\- & I_C & -\\- & - & -\end{bmatrix}\begin{bmatrix}0\\-\dot{\theta}\\0\end{bmatrix}_{XYZ} =$$

$$= \frac{1}{2}\dot{x}^2 m_2 + \frac{1}{2}I_C\dot{\theta}^2 = \frac{1}{2}(m_2 r^2 sen^2\theta + I_C)\dot{\theta}^2$$

Obsérvese que ya se ha puesto la expresión de la energía cinética en función de una única variable, la velocidad angular del disco.

Paso 2. Cálculo de la potencia intercambiada por el sistema, debida a las acciones que producen potencia. En este caso se deberán encontrar todos aquellos puntos que se trasladan con velocidad distinta de cero y que tienen aplicada una fuerza, y los sólidos con momento aplicado activo y que además giran.

Se recuerda, que todas las acciones verdaderas activas tienen acción y reacción, por lo que las reacciones también deben ser evaluadas.

Puntos con velocidad no nula	Fuerza aplicada	Solidos con rotación	Par aplicado
G_2: $\{\bar{v}_{abs}(G_2)\}_{XYZ}$	Gravedad: $m_2\bar{g}$	Disco $\{\bar{\Omega}_{abs}(disco)\}_{XYZ}$	$\bar{\tau}_m$ La reacción recae sobre el suelo
C: punto fijo	Gravedad: $m_1\bar{g}$		
A: $\{\bar{v}_{abs}(A)\}_{XYZ}$	Muelle: $\bar{F}_k(A)$ Amortiguador $\bar{F}_c(A)$		
B: punto fijo	Muelle: $\bar{F}_k(B)$ Amortiguador $\bar{F}_c(B)$		

Se calculan ahora las velocidades no nulas y de fuerzas señaladas en la tabla.

Las velocidades absolutas de G_2 y A son iguales entre sí y de valor calculado anteriormente:

$$\{\bar{v}_{abs}(G_2)\}_{XYZ} = \{\bar{v}_{abs}(A)\}_{XYZ} = \begin{bmatrix} \dot{x} \\ 0 \\ 0 \end{bmatrix}_{XYZ} = \begin{bmatrix} -\dot{\theta}rsen\theta \\ 0 \\ 0 \end{bmatrix}_{XYZ}$$

Se tienen en el sistema las fuerzas de la gravedad, pero ninguna de ellas va a aportar potencia al sistema. En el caso del disco, por estar aplicada en un punto fijo, y en el caso de la guía, por ser la fuerza de la gravedad perpendicular a la velocidad de G_2.

Se va ahora a resolver el grupo muelle-amortiguador, que tiene una geometría muy sencilla en la que no es necesario buscar ningún triángulo rectángulo o isósceles.

En cuanto al grupo muelle-amortiguador, las fuerzas del muelle irán hacia dentro en base a la expresión utilizada:

$$F_K(A) = k(\rho - \rho_0)$$

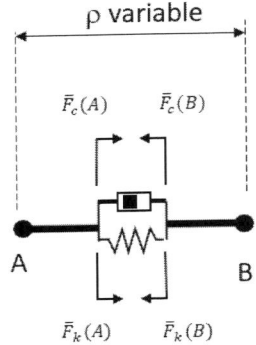

FIGURA P12.2. Fuerzas en grupo muelle-amortiguador

Las fuerzas del amortiguador se oponen al movimiento. Dado que los puntos A y B se están alejando, las fuerzas irán hacia dentro también.

En la figura se cumple que

$$\rho = d + s - x$$

siendo

$$x = l + r\cos\theta$$

Al sustituir en la expresión de cálculo de fuerza del muelle quedará

$$F_K(A) = k(d + s - (l + r\cos\theta) - \rho_0)$$

La condición inicial del muelle es que para $\theta = 0°$ el muelle está comprimido con T_o

$$-T_o = k(d + s - (l + r\cos 0) - \rho_0) = k(d + s - l - r - \rho_0)$$

Entonces

$$\rho_0 = d + s - l - r + \frac{T_o}{k}$$

y al final

$$F_K(A) = k(r(1 - \cos\theta) - \frac{T_o}{k})$$

Ahora, se va a poner esta fuerza en forma vectorial, proyectando en $\bar{X}\bar{Y}\bar{Z}$:

$$\bar{F}_K(A) = \begin{bmatrix} F_K(A) \\ 0 \\ 0 \end{bmatrix}_{XYZ} = \begin{bmatrix} k(r(1 - \cos\theta) - \frac{T_o}{k}) \\ 0 \\ 0 \end{bmatrix}_{XYZ}$$

$$\bar{F}_K(B) = \begin{bmatrix} -F_K(A) \\ 0 \\ 0 \end{bmatrix}_{XYZ} = \begin{bmatrix} -k(r(1 - cos\theta) - \dfrac{T_o}{k}) \\ 0 \\ 0 \end{bmatrix}_{XYZ}$$

Para calcular la fuerza del amortiguador se derivará la expresión de ρ respecto al tiempo, y se tendrá

$$|\dot{\rho}| = \left|\frac{d}{dt}\rho\right| = \left|\frac{d}{dt}(d + s - (l + rcos\theta))\right| = |r\dot{\theta}sen\theta|$$

$$F_c(A) = cr\dot{\theta}sen\theta$$

Para poner la fuerza del amortiguador en forma vectorial se proyectará igual que en el caso del muelle.

$$\bar{F}_c(A) = \begin{bmatrix} F_c(A) \\ 0 \\ 0 \end{bmatrix}_{XYZ} = \begin{bmatrix} cr\dot{\theta}sen\theta \\ 0 \\ 0 \end{bmatrix}_{XYZ}$$

$$\bar{F}_c(B) = \begin{bmatrix} -F_c(A) \\ 0 \\ 0 \end{bmatrix}_{XYZ} = \begin{bmatrix} -cr\dot{\theta}sen\theta \\ 0 \\ 0 \end{bmatrix}_{XYZ}$$

El par motor, en forma vectorial, así como la velocidad angular del disco quedan:

$$\begin{bmatrix} 0 \\ -T_m \\ 0 \end{bmatrix}_{XYZ} \quad ; \quad \{\bar{\Omega}_{abs}(motor)\}_{XYZ} = \begin{bmatrix} 0 \\ -\dot{\theta} \\ 0 \end{bmatrix}_{XYZ}$$

Ahora, ya se puede aplicar la expresión para el cálculo de potencia:

$$\frac{dW}{dt} = \sum_S [\bar{F}(P) \cdot \bar{v}_{ABS}(P)] + \sum_S [\bar{M}_S \cdot \bar{\Omega}_S]$$

$$\frac{dW}{dt} = \left(\begin{bmatrix} k\left(r(1 - cos\theta) - \dfrac{T_o}{k}\right) \\ 0 \\ 0 \end{bmatrix}_{XYZ} + \begin{bmatrix} cr\dot{\theta}sen\theta \\ 0 \\ 0 \end{bmatrix}_{XYZ}\right)\begin{bmatrix} -\dot{\theta}rsen\theta \\ 0 \\ 0 \end{bmatrix}_{XYZ} +$$

$$+ \begin{bmatrix} 0 \\ -T_m \\ 0 \end{bmatrix}_{XYZ} \begin{bmatrix} 0 \\ -\dot{\theta} \\ 0 \end{bmatrix}_{XYZ}$$

Operando y reorganizando:

$$\frac{dW}{dt} = -\left(k\left(r(1 - cos\theta) - \frac{T_o}{k} \right) + cr\dot{\theta}sen\theta \right) \dot{\theta} r sen\theta + T_m \dot{\theta}$$

Paso 3. Aplicación del teorema de la Energía. Para ello, se deberá derivar la energía cinética obtenida en el primer paso y posteriormente igualar a la potencia calculada en el paso dos.

$$\frac{dT_{ABS}}{dt} = \frac{dW}{dt}$$

Entonces,

$$\frac{d}{dt}\left(\frac{1}{2}(m_2 r^2 sen^2\theta + I_C)\dot{\theta}^2 \right) =$$
$$= -\left(k\left(r(1 - cos\theta) - \frac{T_o}{k} \right) + cr\dot{\theta}sen\theta \right)\dot{\theta}rsen\theta + T_m\dot{\theta}$$

y simplificando queda

$$\ddot{\theta}\left(m_2 r^2 sen^2\theta + m_2 r^2\dot{\theta}^2 + I_C \right) =$$
$$= -\left(k\left(r(1 - cos\theta) - \frac{T_o}{k} \right) + cr\dot{\theta}sen\theta \right)rsen\theta + T_m$$

obteniéndose así la ecuación del movimiento.

PROBLEMA 13

El tractor modelado está compuesto por un conjunto de chasis con individuo de masa M y momento de inercia I_G, y sus dos ruedas. La trasera tiene momento de inercia I_C, radio R y masa m, y la delantera radio r, masa m/2 y momento de inercia $I_C/4$. El tractor es impulsado por un motor fijo al chasis en B que proporciona un par τ_m constante y conocido, transmitiendo el movimiento a la rueda trasera en Q sin deslizar. Se simulan los primeros instantes del arrancado de un tronco fijo en O mediante una cuerda que se estira, modelada como un elemento deformable mediante un grupo muelle-amortiguador de constantes k y c respectivamente, que son conocidas.

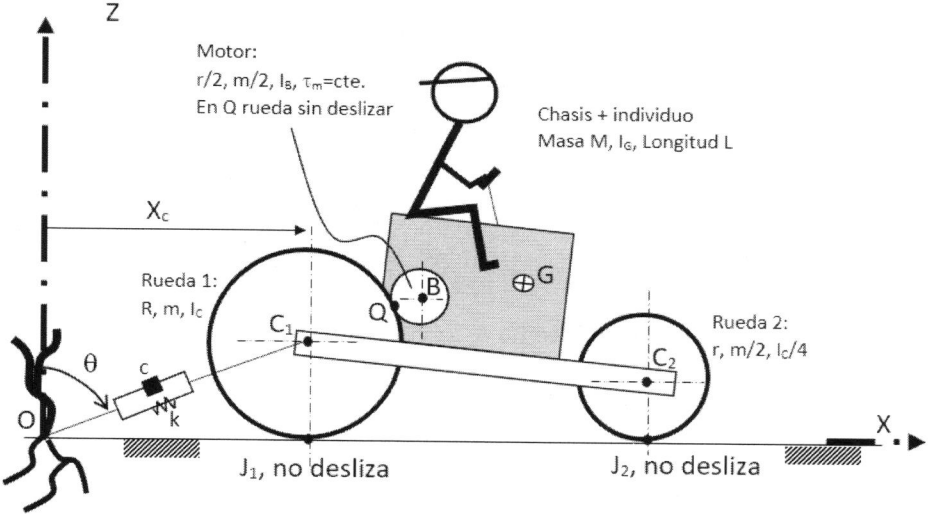

Se conoce que para $\theta=60°$, el muelle está estirado con una tensión conocida T_O.

Con los datos proporcionados, y utilizando el teorema de la energía, determinar la ecuación del movimiento del sistema mecánico.

Paso previo: resolver la cinemática de movimiento plano, estableciendo las coordenadas y velocidades generalizadas, las ecuaciones de enlace y los grados de libertad.

En este caso, se tienen dos ruedas, un motor y el conjunto chasis-individuo.

Sólido	RUEDA 1	RUEDA 2	CHASIS-INDIVIDUO	MOTOR
Situar con	C_1, J_1 Se sitúa C_1 mediante la coordenada x. Se recuerda que J es posición particular	C_2, J_2 Las ruedas se mantienen en todo momento a la misma distancia, por estar unidas a través del chasis. Se sitúa C_2 mediante la misma coordenada x que C_1. Se recuerda que J es posición particular	G, B, C_1, C_2 Al compartir el chasis con la rueda 1 el punto C_1, y estar la rueda situada y orientada, ya se tiene situado el chasis.	B, Q Al compartir el motor con el chasis el punto B, y estar el chasis situado y orientado, ya se tiene situado el motor. Se recuerda que Q es posición particular
Orientar con	φ_1	φ_2	--	φ_m

Coordenadas generalizadas: $q = x, \varphi_1, \varphi_2, \varphi_m$
Velocidades generalizadas: $\dot{q} = \dot{x}, \dot{\varphi}_1, \dot{\varphi}_2, \dot{\varphi}_m$

Se van a buscar las ecuaciones de enlace entre las cuatro velocidades generalizadas, utilizando la cinemática del sólido rígido, y aprovechando la condición de rodadura entre varios de los elementos que tiene el sistema mecánico.

$$[\bar{v}_{abs}(J_1)]_{suelo} = [\bar{v}_{abs}(J_1)]_{rueda1}$$

$$[\bar{v}_{abs}(J_2)]_{suelo} = [\bar{v}_{abs}(J_2)]_{rueda2}$$

Como el suelo tiene velocidad nula, se cumplirá que

$$[\bar{v}_{abs}(J_1)]_{rueda1} = [\bar{v}_{abs}(J_2)]_{rueda2} = \bar{0}$$

Conocida la velocidad de los puntos J, se tiene

$$\bar{v}_{abs}(C_1) = \bar{v}_{abs}(J_1) + \bar{\Omega}_{abs}(rueda\ 1) x \overline{J_1 C} \text{ con } J_1, C_1 \epsilon\ rueda\ 1$$

$$\bar{v}_{abs}(C_2) = \bar{v}_{abs}(J_2) + \bar{\Omega}_{abs}(rueda\ 2) x \overline{J_2 C} \text{ con } J_2, C_1 \epsilon\ rueda\ 2$$

cumpliéndose

$$\{\bar{v}_{abs}(C_1)\}_{XYZ} = \begin{bmatrix} \dot{x} \\ 0 \\ 0 \end{bmatrix}_{XYZ} = \begin{bmatrix} 0 \\ 0 \\ 0 \end{bmatrix}_{XYZ} + \begin{bmatrix} 0 \\ \dot{\varphi}_1 \\ 0 \end{bmatrix}_{XYZ} x \begin{bmatrix} 0 \\ 0 \\ R \end{bmatrix}_{XYZ} = \begin{bmatrix} \dot{\varphi}_1 R \\ 0 \\ 0 \end{bmatrix}_{XYZ}$$

$$\{\bar{v}_{abs}(C_2)\}_{XYZ} = \begin{bmatrix} \dot{x} \\ 0 \\ 0 \end{bmatrix}_{XYZ} = \begin{bmatrix} 0 \\ 0 \\ 0 \end{bmatrix}_{XYZ} + \begin{bmatrix} 0 \\ \dot{\varphi}_2 \\ 0 \end{bmatrix}_{XYZ} x \begin{bmatrix} 0 \\ 0 \\ r \end{bmatrix}_{XYZ} = \begin{bmatrix} \dot{\varphi}_2 r \\ 0 \\ 0 \end{bmatrix}_{XYZ}$$

Es decir,

$$\dot{x} = \dot{\varphi}_1 R$$
$$\dot{x} = \dot{\varphi}_2 r$$

Además

$$[\bar{v}_{abs}(Q)]_{rueda1} = [\bar{v}_{abs}(Q)]_{motor}$$

En ninguno de los dos casos se cumple que la velocidad absoluta de Q sea nula. Sin embargo, si nos situamos en el chasis (lo tomamos como referencia móvil), se cumpliría:

$$[\bar{v}_{rel}(Q)]_{rueda1} = [\bar{v}_{rel}(Q)]_{motor} \; con \; RF = chasis$$

de tal manera que se podría expresar que

$$\bar{v}_{rel}(C_1) + \bar{\Omega}_{rel}(rueda\ 1) x \overline{C_1 Q} = \bar{v}_{rel}(B) + \bar{\Omega}_{rel}(motor) x \overline{BQ} \; con \; RF = chasis$$

donde $\bar{v}_{rel}(C_1)$ y $\bar{v}_{rel}(B)$ son nulas.

Como el chasis no cambia de orientación, las velocidades angulares relativas de la rueda 1 y del motor son $\dot{\varphi}_1$ y $\dot{\varphi}_m$ respectivamente

Usando la base $\overline{123}$ para facilitar el cálculo, te tiene

$$\begin{bmatrix} 0 \\ \dot{\varphi}_1 \\ 0 \end{bmatrix}_{123} x \begin{bmatrix} R \\ 0 \\ 0 \end{bmatrix}_{123} = \begin{bmatrix} 0 \\ -\dot{\varphi}_m \\ 0 \end{bmatrix}_{123} x \begin{bmatrix} -\frac{r}{2} \\ 0 \\ 0 \end{bmatrix}_{123}$$

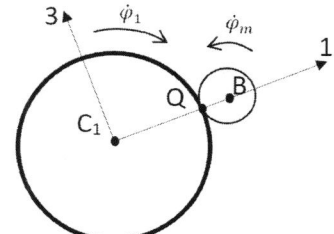

FIGURA P13.1. Base $\overline{123}$ sobre rueda trasera y motor

Organizando los resultados se llega finalmente a las siguientes tres igualdades:

$$\dot{x} = \dot{\varphi}_1 R$$
$$\dot{x} = \dot{\varphi}_2 r$$
$$\dot{\varphi}_1 R = \dot{\varphi}_m \frac{r}{2}$$

El problema tiene un único grado de libertad, ya que solo con el giro del motor, todo el sistema mecánico se pone en movimiento. Dado que el par del mencionado motor es un dato conocido (τ=cte), la incógnita del problema será la ecuación del movimiento.

Paso 1. Cálculo de la energía cinética del sistema. Para ello se deben identificar todos los sólidos con masa, y ver si su centro de masas se traslada, si el sólido como tal gira, o ambas cosas a la vez.

Sólido	Masa	¿Tiene su centro de gravedad velocidad absoluta no nula?	¿Tiene el sólido velocidad angular absoluta no nula?
Chasis	Masa = M	Si, con $\{\bar{v}_{abs}(G)\}_{XYZ}$ que se corresponde con $\bar{x}$	No, el chasis no cambia de orientación
Rueda 1	Masa = m	Si, con $\{\bar{v}_{abs}(C_1)\}_{XYZ}$ que se corresponde con $\bar{x}$	Si, con $\{\bar{\Omega}_{abs}(rueda1)\}_{XYZ}$
Rueda 2	Masa = m/2	Si, con $\{\bar{v}_{abs}(C_2)\}_{XYZ}$ que se corresponde con $\bar{x}$	Si, con $\{\bar{\Omega}_{abs}(rueda2)\}_{XYZ}$
Motor	Masa = m/2	Si, con $\{\bar{v}_{abs}(B)\}_{XYZ}$ que se corresponde con $\bar{x}$	Si, con $\{\bar{\Omega}_{abs}(motor)\}_{XYZ}$

Las velocidades absolutas de los puntos incluidos en la tabla son:

$$\{\bar{v}_{abs}(G)\}_{XYZ} = \{\bar{v}_{abs}(C_1)\}_{XYZ} = \{\bar{v}_{abs}(C_1)\}_{XYZ} = \{\bar{v}_{abs}(B)\}_{XYZ} = \begin{bmatrix} \dot{x} \\ 0 \\ 0 \end{bmatrix}_{XYZ}$$

Las velocidades angulares de los sólidos incluidos en la tabla son:

$$\{\bar{\Omega}_{abs}(rueda1)\}_{XYZ} = \begin{bmatrix} 0 \\ \dot{\varphi}_1 \\ 0 \end{bmatrix}_{XYZ} = \begin{bmatrix} 0 \\ \dfrac{\dot{x}}{R} \\ 0 \end{bmatrix}_{XYZ}$$

$$\{\bar{\Omega}_{abs}(rueda2)\}_{XYZ} = \begin{bmatrix} 0 \\ \dot{\varphi}_2 \\ 0 \end{bmatrix}_{XYZ} = \begin{bmatrix} 0 \\ \dfrac{\dot{x}}{r} \\ 0 \end{bmatrix}_{XYZ}$$

$$\{\bar{\Omega}_{abs}(motor)\}_{XYZ} = \begin{bmatrix} 0 \\ -\dot{\varphi}_m \\ 0 \end{bmatrix}_{XYZ} = \begin{bmatrix} 0 \\ -\dfrac{2\dot{x}}{r} \\ 0 \end{bmatrix}_{XYZ}$$

Para calcular la energía cinética del sistema se aplicará la expresión:

$$T_{ABS} = \frac{1}{2}m_S \cdot \bar{v}_{ABS}^2(G) + \frac{1}{2}\bar{\Omega}_S^T \cdot \bar{\bar{I}}_G \cdot \bar{\Omega}_S$$

$$T_{ABS} = T_{ABS-chasis} + T_{ABS-rueda1} + T_{ABS-rueda2} + T_{ABS-motor}$$

$$T_{ABS} = \frac{1}{2}\left(M + m + \frac{m}{2} + \frac{m}{2}\right)\begin{bmatrix}\dot{x}\\0\\0\end{bmatrix}_{XYZ}\begin{bmatrix}\dot{x}\\0\\0\end{bmatrix}_{XYZ} +$$

$$+\frac{1}{2}\begin{bmatrix}0 & \dfrac{\dot{x}}{R} & 0\end{bmatrix}_{XYZ}\begin{bmatrix} - & - & - \\ - & I_c & - \\ - & - & - \end{bmatrix}\begin{bmatrix}0\\\dfrac{\dot{x}}{R}\\0\end{bmatrix}_{XYZ} + \frac{1}{2}\begin{bmatrix}0 & \dfrac{\dot{x}}{r} & 0\end{bmatrix}_{XYZ}\begin{bmatrix} - & - & - \\ - & \dfrac{I_c}{4} & - \\ - & - & - \end{bmatrix}\begin{bmatrix}0\\\dfrac{\dot{x}}{r}\\0\end{bmatrix}_{XYZ} +$$

$$+\frac{1}{2}\begin{bmatrix}0 & -\dfrac{2\dot{x}}{r} & 0\end{bmatrix}_{XYZ}\begin{bmatrix} - & - & - \\ - & I_B & - \\ - & - & - \end{bmatrix}\begin{bmatrix}0\\-\dfrac{2\dot{x}}{r}\\0\end{bmatrix}_{XYZ} =$$

$$= \left(\frac{M + 2m}{2} + \frac{I_c}{2R^2} + \frac{I_c}{8r^2} + \frac{2I_B}{r^2}\right)\dot{x}^2$$

Paso 2. Cálculo de la potencia intercambiada por el sistema, debida a las acciones que producen potencia. En este caso se deberán encontrar todos aquellos puntos que se trasladan con velocidad distinta de cero y que tienen aplicada una fuerza, y los sólidos con momento activo aplicado y que además giran.

Se recuerda, que todas las acciones verdaderas activas tienen acción y reacción, por lo que las reacciones también deben ser evaluadas.

Puntos con velocidad no nula	Fuerza aplicada	Solidos con rotación	Par aplicado
G: $\{\bar{v}_{abs}(G)\}_{XYZ}$	Gravedad: $M\bar{g}$	Motor $\{\bar{\Omega}_{abs}(motor)\}_{XYZ}$	$\bar{\tau}_m$ La reacción recae sobre el chasis, pero este no gira

C_1: $\{\bar{v}_{abs}(C_1)\}_{XYZ}$	Gravedad: $m\bar{g}$ Muelle: $\bar{F}_k(C_1)$ Amortiguador $\bar{F}_c(C_1)$		
C_2: $\{\bar{v}_{abs}(C_2)\}_{XYZ}$	Gravedad: $\frac{m}{2}\bar{g}$		
B: $\{\bar{v}_{abs}(Q)\}_{XYZ}$	Gravedad: $\frac{m}{2}\bar{g}$		

Se calculan las velocidades no nulas y las fuerzas señaladas en la tabla.

La velocidad absoluta de los puntos G, C_1, C_2 y B, que para todos ellos es la misma, ha sido obtenida anteriormente.

En cuanto a las fuerzas, se tiene la fuerza de la gravedad de todos los sólidos y las fuerzas de muelle y amortiguador.

$$\{M\bar{g}\}_{XYZ} = \begin{bmatrix} 0 \\ 0 \\ -Mg \end{bmatrix}_{XYZ} \;\; ;$$

$$\{m\bar{g}\}_{XYZ} = \begin{bmatrix} 0 \\ 0 \\ -mg \end{bmatrix}_{XYZ} \;\; ;$$

$$\left\{\frac{m}{2}\bar{g}\right\}_{XYZ} = \begin{bmatrix} 0 \\ 0 \\ -\frac{m}{2}g \end{bmatrix}_{XYZ} \;\; ;$$

$$\left\{\frac{m}{2}\bar{g}\right\}_{XYZ} = \begin{bmatrix} 0 \\ 0 \\ -\frac{m}{2}g \end{bmatrix}_{XYZ}$$

Se va ahora a resolver el grupo muelle-amortiguador.

Se concreta en primer lugar la dirección de las fuerzas.

Las fuerzas del muelle van hacia dentro, porque siempre se supondrán así según la expresión utilizada:

$$F_K(O) = k(\rho - \rho_0)$$

Las fuerzas del amortiguador se oponen al movimiento. Dado que los puntos O y C_1 se están alejando, las fuerzas irán hacia dentro.

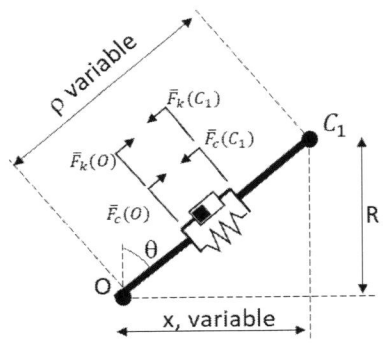

FIGURA P13.2. Fuerzas en grupo muelle-amortiguador

En primer lugar, se comenzará calculando el muelle, para lo que se va a trabajar con el triángulo rectángulo que aparece en la figura.

Según la geometría

$$\rho = \frac{R}{cos\theta}$$

Al sustituir en la expresión de cálculo de fuerza quedará

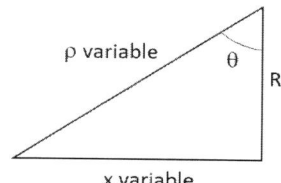

FIGURA P13.3. Triángulo extraído de la figura para el cálculo

$$F_K(O) = k(\frac{R}{cos\theta} - \rho_0)$$

La condición inicial del muelle es que para $\theta=60°$ el muelle está estirado con una fuerza T_o, entonces

$$T_o = k\left(\frac{R}{cos60} - \rho_0\right) = k(2R - \rho_0)$$

y por tanto

$$\rho_0 = 2R - \frac{T_o}{K}$$

Al final

$$F_K(O) = k(\frac{R}{cos\theta} - 2R + \frac{T_o}{K})$$

Ahora, se va a poner esta fuerza en forma vectorial, proyectando en $\bar{X}\bar{Y}\bar{Z}$:

$$\bar{F}_K(O) = \begin{bmatrix} F_K(O)sen\theta \\ 0 \\ F_K(O)cos\theta \end{bmatrix}_{XYZ} = \begin{bmatrix} k(\frac{R}{cos\theta} - 2R + \frac{T_o}{K})sen\theta \\ 0 \\ k(\frac{R}{cos\theta} - 2R + \frac{T_o}{K})cos\theta \end{bmatrix}_{XYZ}$$

$$\bar{F}_K(C_1) = \begin{bmatrix} -F_K(O)sen\theta \\ 0 \\ -F_K(O)cos\theta \end{bmatrix}_{XYZ} = \begin{bmatrix} -k(\dfrac{R}{cos\theta} - 2R + \dfrac{T_o}{K})sen\theta \\ 0 \\ -k(\dfrac{R}{cos\theta} - 2R + \dfrac{T_o}{K})cos\theta \end{bmatrix}_{XYZ}$$

Ahora se derivará la expresión de ρ respecto al tiempo, para calcular la fuerza del amortiguador

$$|\dot{\rho}| = \left|\frac{d}{dt}\rho\right| = \left|\frac{d}{dt}\frac{R}{cos\theta}\right| = \left|\frac{R\dot{\theta}sen\theta}{cos^2\theta}\right|$$

y se multiplicará por la constante c

$$F_c(O) = c\frac{R\dot{\theta}sen\theta}{cos^2\theta}$$

Para poner la fuerza del amortiguador en forma vectorial se proyectará igual que en el caso del muelle.

$$\bar{F}_c(O) = \begin{bmatrix} F_c(O)sen\theta \\ 0 \\ F_c(O)cos\theta \end{bmatrix}_{XYZ} = \begin{bmatrix} c\dfrac{R\dot{\theta}sen\theta}{cos^2\theta}sen\theta \\ 0 \\ c\dfrac{R\dot{\theta}sen\theta}{cos^2\theta}cos\theta \end{bmatrix}_{XYZ}$$

$$\bar{F}_c(C_1) = \begin{bmatrix} -F_c(O)sen\theta \\ 0 \\ -F_c(O)cos\theta \end{bmatrix}_{XYZ} = \begin{bmatrix} -c\dfrac{R\dot{\theta}sen\theta}{cos^2\theta}sen\theta \\ 0 \\ -c\dfrac{R\dot{\theta}sen\theta}{cos^2\theta}cos\theta \end{bmatrix}_{XYZ}$$

El par motor, en forma vectorial, así como la velocidad angular del motor quedan:

$$\begin{bmatrix} 0 \\ -\tau_m \\ 0 \end{bmatrix}_{XYZ} \quad ; \quad \{\bar{\Omega}_{abs}(motor)\}_{XYZ} = \begin{bmatrix} 0 \\ -\dot{\varphi}_m \\ 0 \end{bmatrix}_{XYZ} = \begin{bmatrix} 0 \\ -\dfrac{2\dot{x}}{r} \\ 0 \end{bmatrix}_{XYZ}$$

Ahora, ya se puede aplicar la expresión para el cálculo de potencia:

$$\frac{dW}{dt} = \sum_S [\bar{F}(P) \cdot \bar{v}_{ABS}(P)] + \sum_S [\bar{M}_S \cdot \bar{\Omega}_S]$$

$$\frac{dW}{dt} = \left(\begin{bmatrix} 0 \\ 0 \\ -Mg \end{bmatrix}_{XYZ} + \begin{bmatrix} 0 \\ 0 \\ -mg \end{bmatrix}_{XYZ} + \begin{bmatrix} 0 \\ 0 \\ -\frac{m}{2}g \end{bmatrix}_{XYZ} + \begin{bmatrix} 0 \\ 0 \\ -\frac{m}{2}g \end{bmatrix}_{XYZ} \right) \begin{bmatrix} \dot{x} \\ 0 \\ 0 \end{bmatrix}_{XYZ} +$$

$$+ \left(\begin{bmatrix} -k\left(\frac{R}{cos\theta} - 2R + \frac{T_o}{K}\right)sen\theta \\ 0 \\ -k(\frac{R}{cos\theta} - 2R + \frac{T_o}{K})cos\theta \end{bmatrix}_{XYZ} + \begin{bmatrix} -c\frac{R\dot{\theta}sen\theta}{cos^2\theta}sen\theta \\ 0 \\ -c\frac{R\dot{\theta}sen\theta}{cos^2\theta}cos\theta \end{bmatrix}_{XYZ} \right) \begin{bmatrix} \dot{x} \\ 0 \\ 0 \end{bmatrix}_{XYZ} +$$

$$+ \begin{bmatrix} 0 \\ -\tau_m \\ 0 \end{bmatrix}_{XYZ} \begin{bmatrix} 0 \\ -\frac{2\dot{x}}{r} \\ 0 \end{bmatrix}_{XYZ} =$$

$$= \left(-k\left(\frac{R}{cos\theta} - 2R + \frac{T_o}{K}\right)sen\theta - c\frac{R\dot{\theta}sen\theta}{cos^2\theta}sen\theta \right)\dot{x} + \tau_m \frac{2\dot{x}}{r}$$

Se observa como el amortiguador disipa potencia, y el motor la aporta. En el caso del muelle, dependerá de si este se encuentra comprimido o estirado. Los pesos no producen potencia al ser perpendiculares a la velocidad de los centros de gravedad.

Paso 3. Aplicación del teorema de la Energía. Para ello, se deberá derivar la energía cinética obtenida en el primer paso, y posteriormente igualar a la potencia calculada en el paso dos.

$$\frac{dT_{ABS}}{dt} = \frac{d}{dt}\left(\frac{M+2m}{2} + \frac{I_c}{2R^2} + \frac{I_c}{8r^2} + \frac{2I_B}{r^2} \right)\dot{x}^2 = 2\ddot{x}\dot{x}\left(\frac{M+2m}{2} + \frac{I_c}{2R^2} + \frac{5I_c}{8r^2} \right)$$

$$\frac{dT_{ABS}}{dt} = \frac{dW}{dt}$$

$$\ddot{x}\left(M + 2m + \frac{I_c}{R^2} + \frac{I_c}{4r^2} + \frac{4I_B}{r^2} \right) = -k\left(\frac{R}{cos\theta} - 2R + \frac{T_o}{K} \right)sen\theta - c\frac{R\dot{\theta}sen\theta}{cos^2\theta}sen\theta + \frac{2\tau_m}{r}$$

obteniéndose así la ecuación del movimiento.

PROBLEMA 14

La figura representa un esquema simplificado de una sombrilla, donde se modela por simplicidad solo uno de los «n» dispositivos, que dispuestos simétricamente, componen el conjunto.

La apertura es accionada por un motor, de masa M, radio r y momento de inercia I_O, que gira en torno al punto fijo O_1, con un par constante y conocido T. Mediante un cable inextensible se transmite el movimiento al collarín C, a través de una polea de transmisión de masa despreciable y radio 2r, que gira en torno al punto fijo O_2.

Grúa con plataforma [3]

Dicho collarín, de masa despreciable, desliza ascendiendo por el poste vertical fijo. El brazo tensor articulado CG, de masa despreciable, va abriendo la sombrilla, cuya tensión se modela mediante un grupo muelle-amortiguador que une los puntos C y A, y cuyas constantes k y c son conocidas.

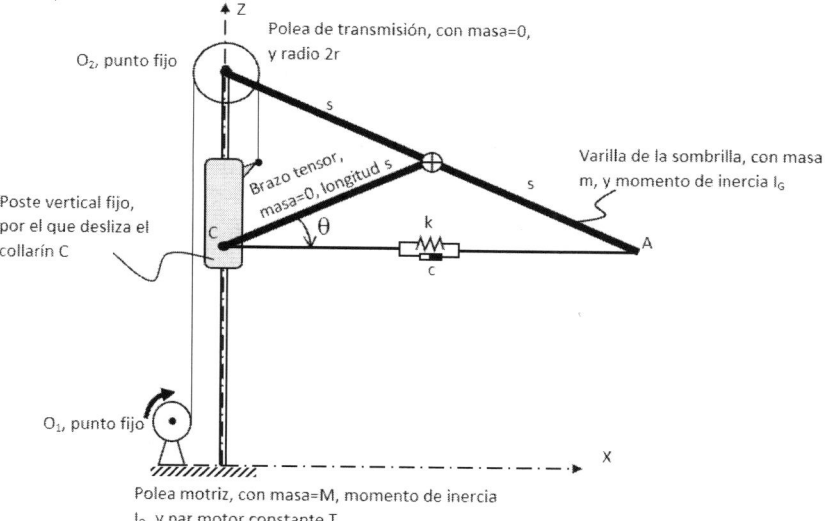

Como dato adicional se sabe que para $\theta=30°$, el muelle está sin tensión.

Se pide determinar, mediante la aplicación del teorema de la energía, la ecuación del movimiento del sistema.

Paso previo: resolver la cinemática de movimiento plano, estableciendo las coordenadas y velocidades generalizadas, las ecuaciones de enlace y los grados de libertad.

En este caso, se tienen dos poleas y un bloque.

Sólido	VARILLA SOMBRILLA	BRAZO TENSOR	BLOQUE	POLEA MOTRIZ	POLEA
Situar con	O_2, G, A Se escoge O_2 para situar la varilla ya que es un punto fijo	G, C Al ser G un punto compartido entre varilla y brazo, y estar la varilla situada y orientada, ya queda situado el brazo	C Al ser C un punto compartido entre brazo y bloque, y estar el brazo situado y orientado, ya queda situado el bloque	O_1 Es un punto fijo	O_2 Es un punto fijo
Orientar con	$-\theta$	Por la geometría, el brazo se orienta con θ de sentido contrario al giro de la varilla	--	$\dot{\varphi}_1$	$\dot{\varphi}_2$

Coordenadas generalizadas: $q = \theta, \varphi_1, \varphi_2$
Velocidades generalizadas: $\dot{q} = \dot{\theta}, \dot{\varphi}_1, \dot{\varphi}_2$

Se han fijado en este caso para el sistema tres velocidades generalizadas, en el que existe rodadura sin deslizamiento entre polea motriz y cable, y polea y cable. Se deberán encontrar dos ecuaciones de enlace que reduzcan el sistema a un solo grado de libertad.

Utilizando la cinemática del sólido rígido se tiene que la velocidad de los puntos J_i del cable se puede calcular a través de la polea motriz, y a través de la polea superior:

$$\bar{v}_{abs}(J_{cable}) = \bar{v}_{abs}(O_1) + \bar{\Omega}_{abs}(motriz)x\overline{O_1 J_{cable}} \text{ con } O_1, J_{cable} \in motriz$$

$$\bar{v}_{abs}(J_{cable}) = \bar{v}_{abs}(O_2) + \bar{\Omega}_{abs}(polea)x\overline{O_2 J_{cable}} \text{ con } O_2, J_{cable} \in polea$$

Igualando, y teniendo en cuenta que O_1 y O_2 son puntos fijos

$$\bar{\Omega}_{abs}(motriz)x\overline{O_1 J_{cable}} = \bar{\Omega}_{abs}(polea)x\overline{O_2 J_{cable}}$$

$$\begin{bmatrix} 0 \\ \dot{\varphi}_1 \\ 0 \end{bmatrix}_{XYZ} x \begin{bmatrix} r \\ 0 \\ 0 \end{bmatrix}_{XYZ} = \begin{bmatrix} 0 \\ -\dot{\varphi}_2 \\ 0 \end{bmatrix}_{XYZ} x \begin{bmatrix} -2r \\ 0 \\ 0 \end{bmatrix}_{XYZ}$$

De donde se obtiene una primera igualdad:

$$\dot{\varphi}_1 r = 2\dot{\varphi}_2 r$$

teniendo $\dot{\varphi}_1$ y $\dot{\varphi}_2$ sentidos opuestos.

Ahora se puede calcular la velocidad de los puntos J del cable, o lo que es lo mismo, la velocidad con la que sube el punto C del bloque al abrirse la sombrilla:

$$\bar{v}_{abs}(C) = \bar{v}_{abs}(J_{cable}) = \bar{v}_{abs}(O_2) + \bar{\Omega}_{abs}(polea)x\overline{O_2J_{cable}} \text{ con } O_2, J_{cable} \in polea$$

$$\{\bar{v}_{abs}(C)\}_{XYZ} = \begin{bmatrix} \begin{bmatrix} 0 \\ 0 \\ 0 \end{bmatrix}_{XYZ} + \begin{bmatrix} 0 \\ \dot{\varphi}_2 \\ 0 \end{bmatrix}_{XYZ} x \begin{bmatrix} 2r \\ 0 \\ 0 \end{bmatrix}_{XYZ} \end{bmatrix} = \begin{bmatrix} 0 \\ 0 \\ 2\dot{\varphi}_2 r \end{bmatrix}_{XYZ} = \begin{bmatrix} 0 \\ 0 \\ \dot{\varphi}_1 r \end{bmatrix}_{XYZ}$$

Para relacionar la velocidad angular de apertura de la sombrilla, con la velocidad angular de la polea motriz, se trabajará con el centro de gravedad de la sombrilla, tal que

$$\bar{v}_{abs}(G) = \bar{v}_{abs}(O_2) + \bar{\Omega}_{abs}(varilla)x\overline{O_2G} \text{ con } O_2, G \in varilla$$

$$\bar{v}_{abs}(G) = \bar{v}_{abs}(C) + \bar{\Omega}_{abs}(brazo)x\overline{CG} \text{ con } C, G \in brazo$$

Operando

$$\{\bar{v}_{abs}(G)\}_{XYZ} = \begin{bmatrix} 0 \\ 0 \\ 0 \end{bmatrix}_{XYZ} + \begin{bmatrix} 0 \\ -\dot{\theta} \\ 0 \end{bmatrix}_{XYZ} x \begin{bmatrix} s\cos\theta \\ 0 \\ -s\,sen\theta \end{bmatrix}_{XYZ} = \begin{bmatrix} \dot{\theta}s\,sen\theta \\ 0 \\ \dot{\theta}s\cos\theta \end{bmatrix}_{XYZ}$$

$$\{\bar{v}_{abs}(G)\}_{XYZ} = \begin{bmatrix} 0 \\ 0 \\ \dot{\varphi}_1 r \end{bmatrix}_{XYZ} + \begin{bmatrix} 0 \\ \dot{\theta} \\ 0 \end{bmatrix}_{XYZ} x \begin{bmatrix} s\cos\theta \\ 0 \\ s\,sen\theta \end{bmatrix}_{XYZ} = \begin{bmatrix} \dot{\theta}s\,sen\theta \\ 0 \\ \dot{\varphi}_1 r - \dot{\theta}s\cos\theta \end{bmatrix}_{XYZ}$$

y al igualar

$$\begin{bmatrix} \dot{\theta}ssen\theta \\ 0 \\ \dot{\theta}scos\theta \end{bmatrix}_{XYZ} = \begin{bmatrix} \dot{\theta}ssen\theta \\ 0 \\ \dot{\varphi}_1 r - \dot{\theta}scos\theta \end{bmatrix}_{XYZ}$$

Se obtiene una única ecuación de enlace, ya que una de las igualdades es redundante.

$$\dot{\varphi}_1 r = 2\dot{\theta}scos\theta$$

Es decir, que conociendo la velocidad de la polea motriz, se tiene determinado el movimiento de todo el sistema mecánico, necesitando solo un accionamiento. En este problema, el dato es el par motor aplicado en la polea motriz, por lo que la incógnita pasa a ser la ecuación del movimiento.

Paso 1. Cálculo de la energía cinética del sistema. Para ello se deben identificar todos los sólidos con masa, y ver si su centro de masas se traslada, si el sólido como tal gira, o ambas cosas a la vez.

Sólido	Masa	¿Tiene su centro de gravedad velocidad absoluta no nula?	¿Tiene el sólido velocidad angular absoluta no nula?
Varilla	Masa = m	Si, con $\{\bar{v}_{abs}(G)\}_{XYZ}$ calculada anteriormente	Si, con $\{\bar{\Omega}_{abs}(varilla)\}_{XYZ}$
Brazo	Masa = 0	Si, pero la masa del sólido es nula	Si, pero la masa del sólido es nula
Bloque	Masa = 0	Si, pero la masa del sólido es nula	No, el bloque solo se traslada
Polea motriz	Masa = M	No, su centro es un punto fijo	Si, con $\{\bar{\Omega}_{abs}(polea\ motriz)\}_{XYZ}$
Polea	Masa = 0	No, su centro es un punto fijo	Si, pero la masa del sólido es nula

Para calcular la energía cinética del sistema se aplicará la expresión:

$$T_{ABS} = \frac{1}{2} m_S \cdot \bar{v}^2_{ABS}(G) + \frac{1}{2}\bar{\Omega}^T_S \cdot \bar{\bar{I}}_G \cdot \bar{\Omega}_s$$

$$T_{ABS} = T_{ABS-varilla} + T_{ABS-polea\ motriz}$$

donde

$$T_{ABS} = \frac{1}{2}m\begin{bmatrix} \dot{\theta}ssen\theta \\ 0 \\ \dot{\theta}scos\theta \end{bmatrix}_{XYZ}\begin{bmatrix} \dot{\theta}ssen\theta \\ 0 \\ \dot{\theta}scos\theta \end{bmatrix}_{XYZ} + \frac{1}{2}\begin{bmatrix} 0 & -\dot{\theta} & 0 \end{bmatrix}_{XYZ}\begin{bmatrix} - & - & - \\ - & \bar{\bar{I}}_G & - \\ - & - & - \end{bmatrix}\begin{bmatrix} 0 \\ -\dot{\theta} \\ 0 \end{bmatrix}_{XYZ} +$$

$$+\frac{1}{2}\begin{bmatrix} 0 & \dot{\varphi}_1 & 0 \end{bmatrix}_{XYZ}\begin{bmatrix} - & - & - \\ - & I_o & - \\ - & - & - \end{bmatrix}\begin{bmatrix} 0 \\ \dot{\varphi}_1 \\ 0 \end{bmatrix}_{XYZ} = \frac{1}{2}m\dot{\theta}^2s^2 + \frac{1}{2}I_C\dot{\theta}^2 + \frac{1}{2}I_o\dot{\varphi}_1^2$$

Si se pone la expresión en función de la velocidad angular del motor, queda:

$$T_{ABS} = \left(\frac{1}{8}m\frac{r^2}{cos^2\theta} + \frac{1}{8}I_G\frac{r^2}{s^2cos^2\theta} + \frac{1}{2}I_o\right)\dot{\varphi}_1^2$$

Paso 2. Cálculo de la potencia intercambiada en el sistema, debida a las acciones que producen potencia. En este caso se deberán encontrar todos aquellos puntos que se trasladan con velocidad distinta de cero y que tienen aplicada una fuerza, y los sólidos con momento aplicado y que además giran.

Se recuerda, que todas las acciones verdaderas activas tienen acción y reacción, por lo que las reacciones también deben ser evaluadas.

Puntos con velocidad no nula	Fuerza aplicada	Solidos con rotación	Par aplicado
G: $\{\bar{v}_{abs}(G)\}_{XYZ}$	Gravedad: $m_2\bar{g}$	Polea motriz $\{\bar{\Omega}_{abs}(motriz)\}_{XYZ}$	$\bar{T}$ La reacción recae sobre el suelo
A: $\{\bar{v}_{abs}(A)\}_{XYZ}$	Muelle: $\bar{F}_k(A)$ Amortiguador $\bar{F}_c(A)$		
C: $\{\bar{v}_{abs}(C)\}_{XYZ}$	Muelle: $\bar{F}_k(C)$ Amortiguador $\bar{F}_c(C)$		

Las velocidades absolutas de G y C se han calculado previamente, y se calcula ahora la velocidad absoluta de A:

$$\bar{v}_{abs}(A) = \bar{v}_{abs}(O_2) + \bar{\Omega}_{abs}(varilla)x\overline{O_2A} \text{ con } O_2, A\epsilon \text{ varilla}$$

$$\{\bar{v}_{abs}(G)\}_{XYZ} = \begin{bmatrix} 0 \\ 0 \\ 0 \end{bmatrix}_{XYZ} + \begin{bmatrix} 0 \\ -\dot{\theta} \\ 0 \end{bmatrix}_{XYZ} x \begin{bmatrix} 2scos\theta \\ 0 \\ -2ssen\theta \end{bmatrix}_{XYZ} = \begin{bmatrix} 2\dot{\theta}ssen\theta \\ 0 \\ 2\dot{\theta}scos\theta \end{bmatrix}_{XYZ}$$

A parte de la fuerza de la gravedad aplicada en G, se tendrán las fuerzas del grupo muelle amortiguador en los puntos A y C, que se resuelve a continuación.

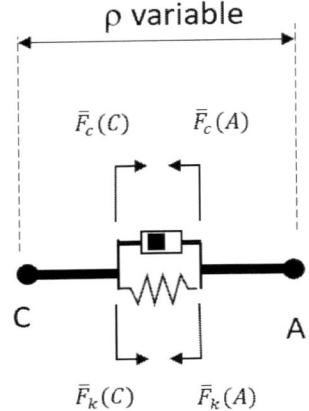

FIGURA P14.1. Fuerzas en grupo muelle-amortiguador

Las fuerzas del muelle irán hacia dentro según la expresión utilizada:

$$F_K(A) = k(\rho - \rho_0)$$

Las fuerzas del amortiguador se oponen al movimiento. Dado que los puntos A y C se están alejando, las fuerzas irán hacia dentro también.

En la figura se cumple que

$$\rho = 2scos\theta$$

así la expresión quedará

$$F_K(C) = k(2scos\theta - \rho_0)$$

Como la condición inicial del muelle es que para θ=30° el muelle está sin tensión se cumplirá que

$$0 = k(2scos30 - \rho_0)$$

el valor de ρ_0 será

$$\rho_0 = s\sqrt{3}$$

y al final quedará

$$F_K(C) = k(2scos\theta - s\sqrt{3})$$

Ahora, se va a poner esta fuerza en forma vectorial, proyectando en $\bar{X}\bar{Y}\bar{Z}$:

$$\bar{F}_K(C) = \begin{bmatrix} F_K(C) \\ 0 \\ 0 \end{bmatrix}_{XYZ} = \begin{bmatrix} k(2scos\theta - s\sqrt{3}) \\ 0 \\ 0 \end{bmatrix}_{XYZ}$$

$$\bar{F}_K(A) = \begin{bmatrix} -F_K(C) \\ 0 \\ 0 \end{bmatrix}_{XYZ} = \begin{bmatrix} -k(2scos\theta - s\sqrt{3}) \\ 0 \\ 0 \end{bmatrix}_{XYZ}$$

En el caso del cálculo de la fuerza del amortiguador se derivará la expresión de ρ respecto al tiempo, y se tendrá

$$|\dot{\rho}| = \left|\frac{d}{dt}\rho\right| = \left|\frac{d}{dt}2scos\theta\right| = |-2s\dot{\theta}sen\theta|$$

$$F_c(A) = c|-2s\dot{\theta}sen\theta| = c2s\dot{\theta}sen\theta$$

Que de forma vectorial queda

$$\bar{F}_c(C) = \begin{bmatrix} F_c(C) \\ 0 \\ 0 \end{bmatrix}_{XYZ} = \begin{bmatrix} c2s\dot{\theta}sen\theta \\ 0 \\ 0 \end{bmatrix}_{XYZ}$$

$$\bar{F}_c(A) = \begin{bmatrix} -F_c(C) \\ 0 \\ 0 \end{bmatrix}_{XYZ} = \begin{bmatrix} -c2s\dot{\theta}sen\theta \\ 0 \\ 0 \end{bmatrix}_{XYZ}$$

El par motor, en forma vectorial, así como la velocidad angular de la polea motriz quedan:

$$\begin{bmatrix} 0 \\ T \\ 0 \end{bmatrix}_{XYZ} \quad ; \quad \{\bar{\Omega}_{abs}(polea\ motriz)\}_{XYZ} = \begin{bmatrix} 0 \\ \dot{\varphi}_1 \\ 0 \end{bmatrix}_{XYZ}$$

por lo que al aplicar la expresión para el cálculo de potencia:

$$\frac{dW}{dt} = \sum_S [\bar{F}(P) \cdot \bar{v}_{ABS}(P)] + \sum_S [\bar{M}_S \cdot \bar{\Omega}_S]$$

se tendrá

$$\frac{dW}{dt} = \left(\begin{bmatrix} k(2scos\theta - s\sqrt{3}) \\ 0 \\ 0 \end{bmatrix}_{XYZ} + \begin{bmatrix} c2s\dot{\theta}sen\theta \\ 0 \\ 0 \end{bmatrix}_{XYZ}\right)\begin{bmatrix} 0 \\ 0 \\ \dot{\varphi}_1 r \end{bmatrix}_{XYZ} +$$

$$+ \left(\begin{bmatrix} -k(2scos\theta - s\sqrt{3}) \\ 0 \\ 0 \end{bmatrix}_{XYZ} + \begin{bmatrix} -c2s\dot{\theta}sen\theta \\ 0 \\ 0 \end{bmatrix}_{XYZ}\right)\begin{bmatrix} 2\dot{\theta}ssen\theta \\ 0 \\ 2\dot{\theta}scos\theta \end{bmatrix}_{XYZ} + \begin{bmatrix} 0 \\ T \\ 0 \end{bmatrix}_{XYZ}\begin{bmatrix} 0 \\ \dot{\varphi}_1 \\ 0 \end{bmatrix}_{XYZ}$$

Operando y reorganizando:

$$\frac{dW}{dt} = -\left(k(2scos\theta - s\sqrt{3}) + c2s\dot{\theta}sen\theta\right)2\dot{\theta}ssen\theta + T\dot{\varphi}_1$$

La potencia, puesta en función de la velocidad angular del motor quedaría

$$\frac{dW}{dt} = \left(-\left(k(2scos\theta - s\sqrt{3}) + crtg\theta\dot{\varphi}_1\right)rtg\theta + T\right)\dot{\varphi}_1$$

Se observa como el par motor aporta potencia al sistema, el amortiguador la disipa, y el muelle, como viene siendo habitual, disipará o aportará dependiendo de su estado de tensión.

Paso 3. Aplicación del teorema de la Energía. Para ello, se deberá derivar la energía cinética obtenida en el primer paso y posteriormente igualar a la potencia calculada en el paso dos.

$$\frac{dT_{ABS}}{dt} = \frac{dW}{dt}$$

Se derivaría ahora teniendo en cuenta que tanto $\dot{\varphi}_1$ como θ son variables en el tiempo

$$\frac{d}{dt}\left(\frac{1}{8}m\frac{r^2}{cos^2\theta} + \frac{1}{8}I_c\frac{r^2}{s^2cos^2\theta} + \frac{1}{2}I_o\right)\dot{\varphi}_1^2$$

Y se igualaría a la potencia calculada para despejar el par motor T, incógnita del problema. Se dejan estas operaciones para que las realice el lector.

Bibliografía

AGULLÓ BATLLE J., *Mecánica de la partícula y del sólido rígido,* Publicaciones OK Punt, 1996.

GINSBERG, JERRY H., *Advanced engineering dynamics,* Cambridge University Press, León, 1995.

LLADO PARIS J., SANCHEZ TABUENCA B. , *Mecánica,* Copycenter Digital, 2013.

Imágenes no originales

[1] Imagen sistema de riego, pág. 61:
www.iagrocampos.com.ar
Consultada en 31 de Julio de 2020

[2] Imagen grúa con plataforma, pág. 127
https://noticias.coches.com/wp-content/uploads/2018/08/grua-coche-3.jpg
Consultada en 31 de Julio de 2020

[3] Imagen sombrilla, pág. 217
https://acortar.link/ectTM
Consultada en 6 de Mayo de 2021

Índice